ZHONGDENGZHIYEXUEXIAOJIXIELEIZHUANYEGUIHUAJIAOCAI

中等职业学校机械类专业规划教材

U0734976

车工工艺及实训

CHEGONGGONGYIJISHIXUN

主　编：柴彬堂

副主编：唐文钢　李建国

参　编：王洪虎　姚建平　殷万全　彭　敏

国家一级出版社　全国百佳图书出版单位

西南师范大学出版社

内容简介

本书根据国家职业技能鉴定规范的要求,遵循实用、实效的原则,采用"理实一体化""项目化"的教学方法,突出技能训练,使学生在技能训练中掌握并达到本专业(工种)知识和技能要求.全书共 7 个项目,主要内容包括:车工基本知识、车削轴类零件、车削套类零件、车圆锥面、车成型面与表面修饰、车螺纹和综合实训.本书可作为技工学校、中等职业技术学校机械类专业课教材,也可供相关从业人员参考.

图书在版编目(CIP)数据

车工工艺及实训/柴彬堂主编.—重庆:西南师
范大学出版社,2010.5(2018.9 重印)
中等职业学校机械类专业规划教材
ISBN 978-7-5621-4912-5

Ⅰ.①车… Ⅱ.①柴… Ⅲ.①车削-专业学校-教材
Ⅳ.①TG510.6

中国版本图书馆 CIP 数据核字(2010)第 077738 号

车工工艺及实训

主编:柴彬堂

出 版 人:周安平
总 策 划:刘春卉 杨景罡
策 划:李 玲
责任编辑:伯古娟
封面设计:戴永曦
责任排版:吕书田
出版发行:西南师范大学出版社
      (重庆·北碚 邮编:400715
      网址:www.xscbs.com)
印 刷:重庆大雅数码印刷有限公司
幅面尺寸:185 mm×260 mm
印 张:8
字 数:215 千字
版 次:2010 年 7 月第 1 版
印 次:2018 年 9 月第 3 次
书 号:ISBN 978-7-5621-4912-5
定 价:29.00 元

尊敬的读者,感谢您使用西师版教材!如对本书有任何建议或要求,请发送邮件至 xszjfs@126.com.

序言
XUYAN

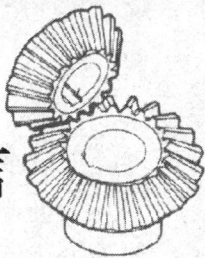

教育部《关于进一步深化中等职业教育教学改革的若干意见》（教职成〔2008〕8号）明确指出：必须以邓小平理论和"三个代表"重要思想为指导，深入贯彻落实科学发展观，认真贯彻党的教育方针，全面实施素质教育；坚持以服务为宗旨、以就业为导向、以提高质量为重点，面向市场、面向社会办学，增强职业教育服务社会主义现代化建设的能力；深化人才培养模式改革，更新教学内容，改进教学方法，突出职业道德教育和职业技能培养，全面培养学生的综合素质和职业能力，提高其就业创业能力．

职业教育在教学工作中如何体现"以全面素质为基础，以职业能力为本位，以提高技能水平为核心"的教学指导思想，如何处理提高学生的文化素质与强化技能培训的关系、职业岗位需要与终身学习需要的关系以及扩大专业服务面向与加强职业岗位针对性的关系；在课程模式上，如何从具体国情出发，引进、借鉴国外经验，适应工学结合、校企合作等人才培养模式的需要，创新课程模式；在课程结构上，如何改变学科课程结构，实现课程的模块化、综合化；在教材建设中，如何改变传统的学科型教材，开发和编写符合学生认知和技能养成规律，体现以应用为主线，具有鲜明职业教育特色的教材体系及其配套的数字化教学资源．这些都是职教工作者需要思考的问题．

为了切实贯彻落实上述教学指导思想，西南师范大学出版社联合相关学会组织，邀请高校专家、中职一线教师及企业工程技术人员，结合重庆实际，注重应用性、普适性和前瞻性，以够用、实用为原则，共同开发编写了这套教材．

这套教材的特色在于，严格按照《教育部关于制定中等职业学校教学计划的原则意见》（教职成〔2009〕2号），紧密结合"机械类专业人才培养方案及教学内容体系改革的研究"与重庆市教育科学规划重点课题《重庆中等职业教育战略发展研究》的成果来编写．一方面把最新的技术信息和科研成果引入教材，有效避免了书本知识与实际应用之间脱节；另一方面严格遵照职业教育教学规律，运用较强的理论基础和典型的操作技能，把企业中最新发展的技术和知识结构灵活地固化为教学内容，保证教材的科学性和可接受性，充分反映区域和行业特色，紧贴社会实际，紧贴就业市场．

这次教材编写还注重突出以下几个方面：

1. 坚持以能力为本位，重视实践能力的培养，突出职业技术教育特色．根据机械类专业学生所从事职业的实际需要，合理确定学生应具备的能力结构与知识结构，对教材内容的深度、难度做了较大程度的调整．同时，进一步加强实践性教学内容，以满足企业对技能型人才的需求．

2. 根据科学技术发展，合理更新教材内容，尽可能多地在教材中充实新知识、新技术、新设备和新材料等方面的内容，力求使教材具有鲜明的时代特征．同时，在教材编写过程中，严格贯彻最新的国家有关技术标准．

3. 努力贯彻国家关于职业资格证书与学历证书并重、职业资格证书制度与国家就业制度相衔接的政策精神，力求使教材内容涵盖有关国家职业标准（中级）的知识和技能要求．

4. 在教材编写模式方面采用项目教学，尽可能使用图片、实物照片或表格等形式将各个知识点生动地展示出来，力求给学生营造一个更加直观的认知环境．同时，针对相关知识点，设计了很多贴近生活的导入和互动性训练等，意在拓展学生思维和知识面，引导学生自主学习．

学校是学生走向社会的起点，教材是教学的基础，没有高质量的教材，就不可能有高质量的教学．希望这套中职机械类专业规划教材的编写出版，能提升中职学校机械类课程的教学水平，为中职学生专业发展和终身学习奠定基础！

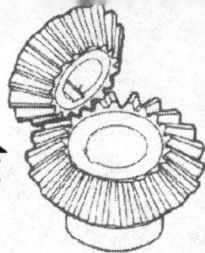

目前,随着我国制造业的迅猛发展,社会对具备熟练技能的专业技术工人的需求日益迫切,对企业一线操作技术工人基本理论和技能水平的要求进一步提高.为了适应当前中等职业教育"以能力为本位、以就业为导向"培养目标的需要,编者依据中级车工技能鉴定标准的要求,组织编写了本教材.

本书根据国家职业技能鉴定规范的要求,遵循实用、实效的原则,采用"理实一体化"、项目化的教学方法,突出技能训练,使学生在技能训练中掌握并达到本专业(工种)知识和技能要求.全书共 7 个项目,详细介绍了包括车削加工基础、各种零件型面的车削加工原理及方法、车削加工工艺、综合实训等知识.在内容上,尽量做到详略适当、深浅结合,以实际的零件加工技能培训为主线,辅以对理论知识深入浅出的说明,使读者能够灵活运用相关知识解决实际问题;在结构上,采用项目化,一个项目包含若干个任务,一个任务就是一个知识点,重点突出,主题鲜明,打破过去的教材编写习惯,以其良好的弹性和便于综合的特点适应实践教学环节的需要.

本书的主编是柴彬堂(重庆市工业学校),副主编是唐文钢(重庆市工业学校)、李建国(四川仪表工业学校),参加编写的还有王洪虎(重庆市工业学校)、姚建平(重庆市科能高级技工学校)、殷万全(重庆市北碚职教中心)、彭敏(中国嘉陵集团技工学校).

由于编写时间仓促,加之编者水平有限,书中难免存在疏漏之处,望广大读者批评指正.

目 录

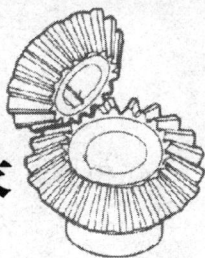

项目一 车工基本知识

任务1 车床

任务描述

通过本次任务的完成,了解车床的用途、车床的种类、卧式车床的主要组成部分及作用。

任务实施

一、车床的用途

车床主要用于加工各种回转表面(内外圆柱面、圆锥面、成型回转面等)及回转体的端面.由于各种机械产品中回转表面的零件很多,车削加工范围很广,可以车外圆、车端面、切断和车槽、钻中心孔、钻孔、车内孔、铰孔、车各种螺纹、车圆锥面、车成型面、滚花和盘绕弹簧,如图1-1所示.因此车床的使用范围十分广泛.

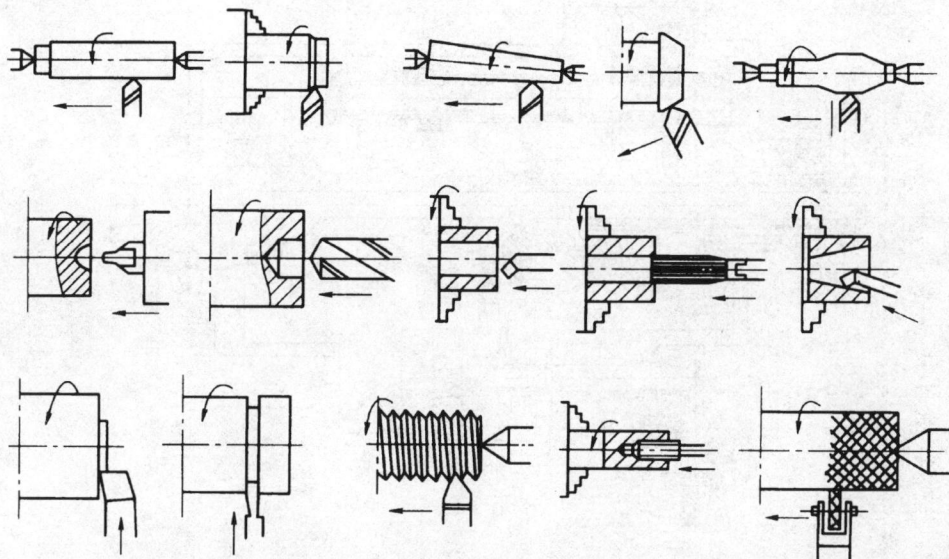

图1-1 车床工作的基本内容

二、车床的种类及主要组成部分

车床的种类很多,按其用途和结构的不同,有卧式车床、立式车床、仪表车床、落地车床、回转车床、转塔车床、自动车床、半自动车床等.这里以工厂使用较多的 C616 卧式车床为例介绍车床的主要结构.如图 1-2 所示.

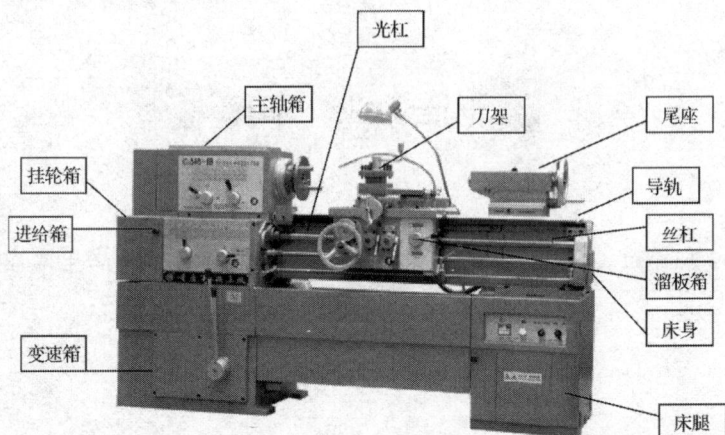

图 1-2　C616 卧式车床主要由主轴箱、挂轮箱、进给箱、变速箱、
溜板箱、光杠、丝杠、尾座及床身、床腿等组成

(一)车床各部分名称及作用

1.主轴箱部分(见图 1-3)

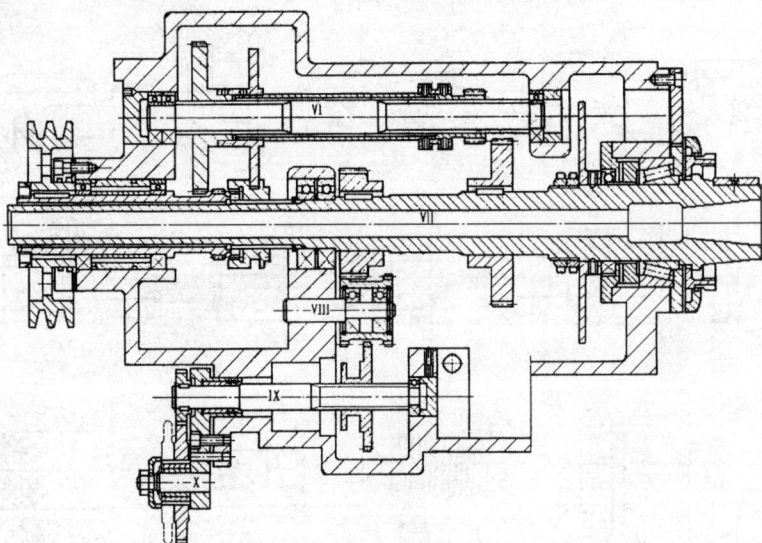

图 1-3　主轴箱

(1)主轴箱内有多组齿轮变速机构,变换箱外手柄位置,可以使主轴得到各种不同的转速.

(2)卡盘用来夹持工件,并带动工件一起旋转.

2.挂轮箱部分

挂轮箱部分的作用是把主轴的旋转运动传给进给箱.通过改变挂轮箱齿轮的齿数,配合进给箱的变速运动,可以车削各种不同螺距的螺纹及满足大小不同的纵、横向进给量.

3.进给箱部分(见图1-4)

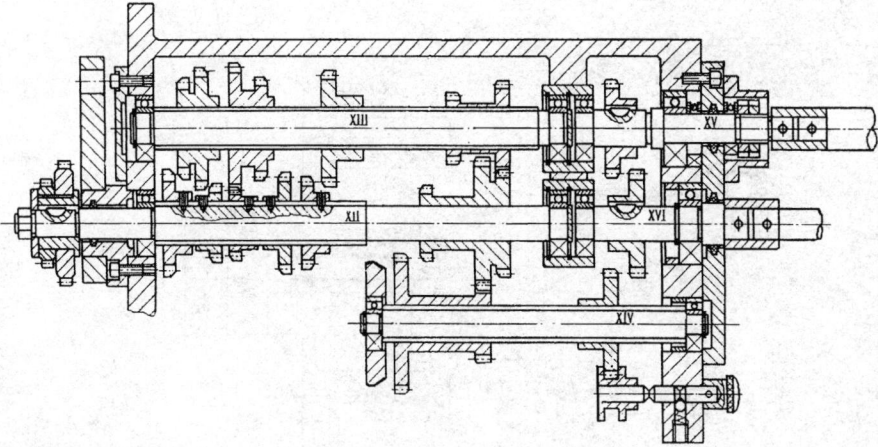

图1-4　进给箱

(1)进给箱　利用它内部的齿轮传动机构,可以把主轴传来的运动,经变速后传给光杠或丝杠,得到各种不同的转速.

(2)丝杠　用来车削螺纹.

(3)光杠　用来传动动力,带动床鞍、中滑板,使车刀作纵向或横向的进给运动.

4.变速箱部分(见图1-5)

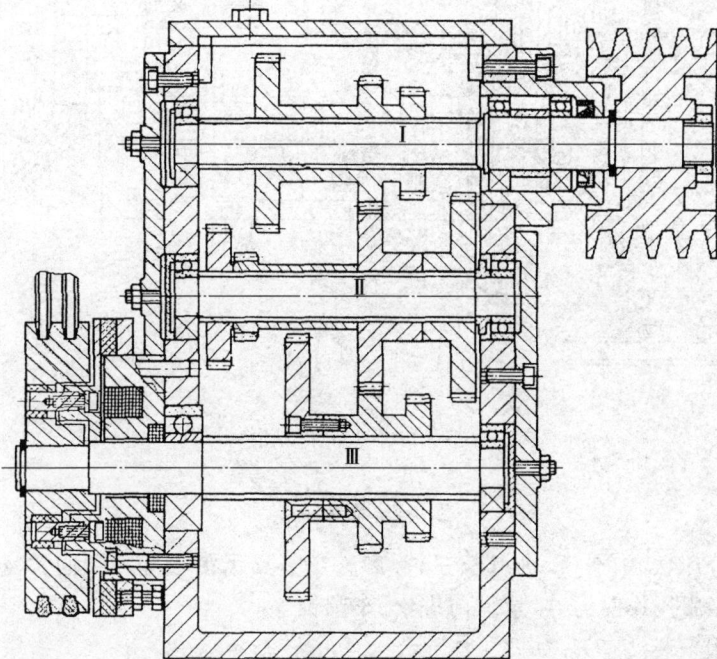

图1-5　变速箱

变速箱内有多组齿轮变速机构,变换箱外手柄位置,可以使主轴箱的带轮得到各种不同的转速.如图1-6所示.

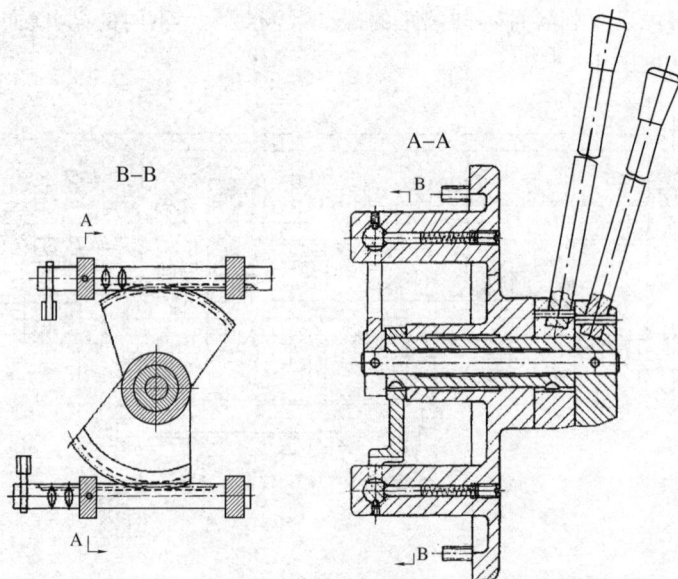

B-B

A-A

图 1-6　变速机构

5.溜板箱部分

(1)溜板箱　作用是把光杠或丝杠运动传递给床鞍及中滑板,变换箱外手柄位置驱动刀架形成车刀纵向或横向进给运动.如图 1-7 所示.

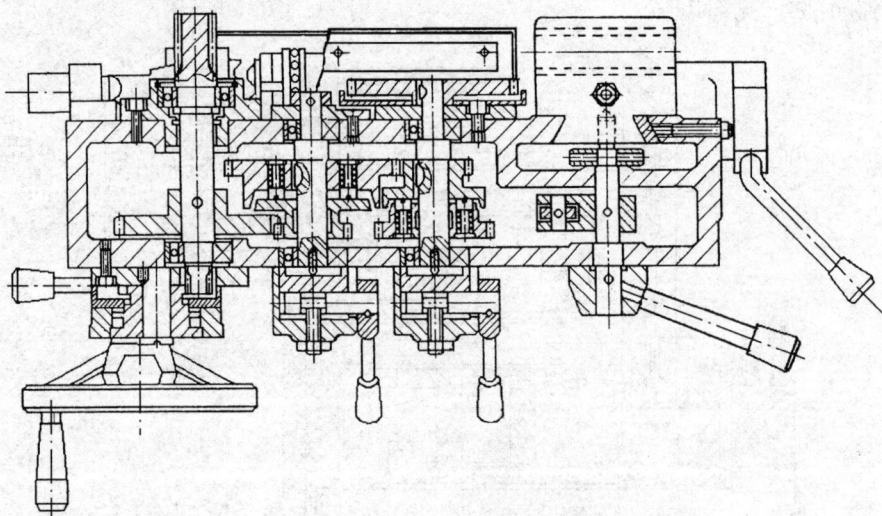

图 1-7　溜板箱

(2)滑板　分床鞍、中滑板、小滑板三种.床鞍用于支承滑板并作纵向移动,中滑板作横向移动,小滑板通常用作对刀、微量纵向进给、车圆锥等.

(3)刀架　用来装夹车刀.如图 1-8 所示.

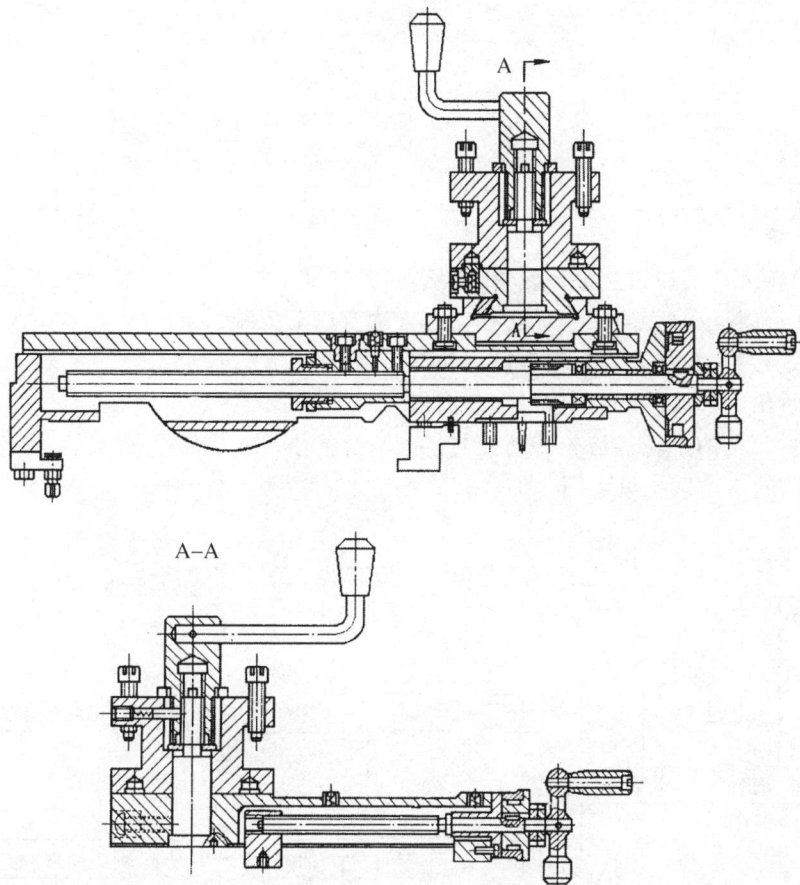

图 1-8 刀架

6.尾座

尾座的用途广泛,装上顶尖可支顶工件;装上钻头可钻孔;装上板牙、丝锥可套螺纹和攻螺纹;装上绞刀可铰孔等.

7.床身

床身是车床上精度要求较高的一个大型部件.它的主要作用是支持和安装车床的各个部件.床身上面有两条精确的导轨,床鞍和尾座可沿着导轨进行进给运动.

8.附件

(1)中心架和跟刀架　车削较长工件时,起支撑作用.

(2)冷却部分及照明部分　冷却部分的作用是给切削区浇注充分的切削液,降低切削温度,提高刀具寿命.

(二)机床的传动系统

1.主传动系统

以 C616 车床为例,车床各部分的传动关系是:工件夹紧在卡盘上,或装于两顶尖间,由装在前床座内的电动机将其动力经三角皮带传给变速箱,再经皮带传给主轴箱,经齿轮传到主轴.拨动变速机构的长短手柄及床头箱的手柄可使主轴获得 18 种转速.如表 1-1 所示.

表 1-1　主轴转速

○/min									
I○II	14	25	45	57	80	100	140	180	250
I○II	110	200	350	450	640	800	1120	1430	2000

2.进给系统

主轴的旋转运动还通过交换齿轮箱、进给箱、光杠或丝杠将运动传给溜板箱,带动床鞍、刀架沿导轨作直线运动.使刀架作纵向移动的方法有以下三种.

(1)经过进给箱、光杠和溜板箱等机构使与齿条啮合的小齿轮旋转.

(2)经过进给箱、丝杠和开合螺母移动溜板箱.

(3)用溜板箱上的手轮经齿轮传动使与齿条啮合的小齿轮旋转.

C616 机床的传动系统见下图 1-9.

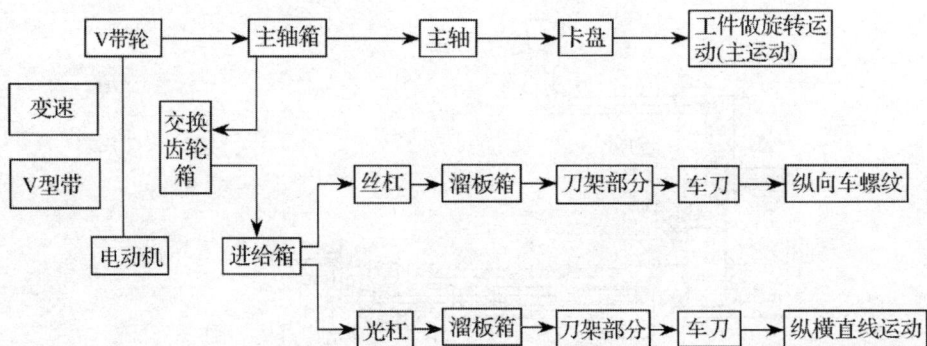

图 1-9　C616 车床的传动系统方框图

三、车床的润滑与维护保养

为了保持车床的正常运转和延长其使用寿命,应注意日常的维护保养.车床的摩擦部分必须进行润滑.

1.车床润滑的几种方式

(1)浇油润滑　通常用于外露的滑动表面,如床身导轨面和滑板导轨面等.

(2)溅油润滑　通常用于密封的箱体中,如车床的主轴箱,它利用齿轮转动把润滑油溅到油槽中,然后输送到各处进行润滑.

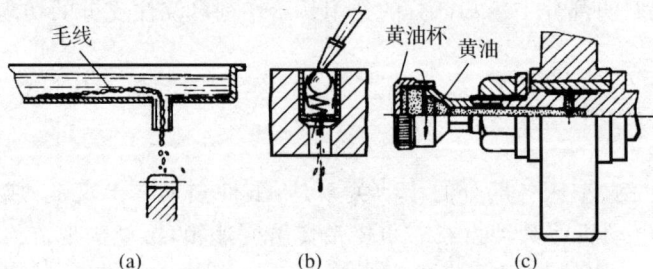

(a)　　　　　(b)　　　　　(c)

图 1-10　车床常见的润滑方式

(3)油绳导油润滑　通常用于车床进给箱的溜板箱的油池中,它利用毛线吸油和渗油的能力,把机油慢慢地引到所需要的润滑处,见上图1-10(a).

(4)弹子油杯注油润滑　通常用于尾座和滑板摇手柄转动的轴承处.注油时,以油嘴把弹子按下,滴入润滑油,见上图1-10(b).使用弹子油杯的目的,是为了防尘防屑.

(5)黄油(油脂)杯润滑　通常用于车床挂轮架的中间轴.使用时,先在黄油杯中装满工业油脂,当拧进油杯盖时,油脂就挤进轴承套内,比加机油方便.使用油脂润滑的另一特点是存油期长,不需要每天加油,见上图1-10(c).

(6)油泵输油润滑　通常用于转速高、润滑油需要量大的机构中,如车床的主轴箱一般都采用油泵输油润滑.

2.车床的润滑系统

为了对自用车床进行正确润滑,现以C616型车床为例来说明润滑的部位及要求.本机床润滑种类有自动润滑、人工加油润滑两种,润滑油为20号机油.变速箱、床头箱、进给箱和溜板箱均为飞溅和滴油润滑,除床头箱单独由甩油盘带油外,其余均由齿轮带油.加油时油面应在油标中心线为宜.其余部位用油杯注油及手加油.床身导轨在每班工作前必须加油润滑,工作完毕后,应当仔细清除导轨面上的切屑及冷却液,并涂以新油润滑.

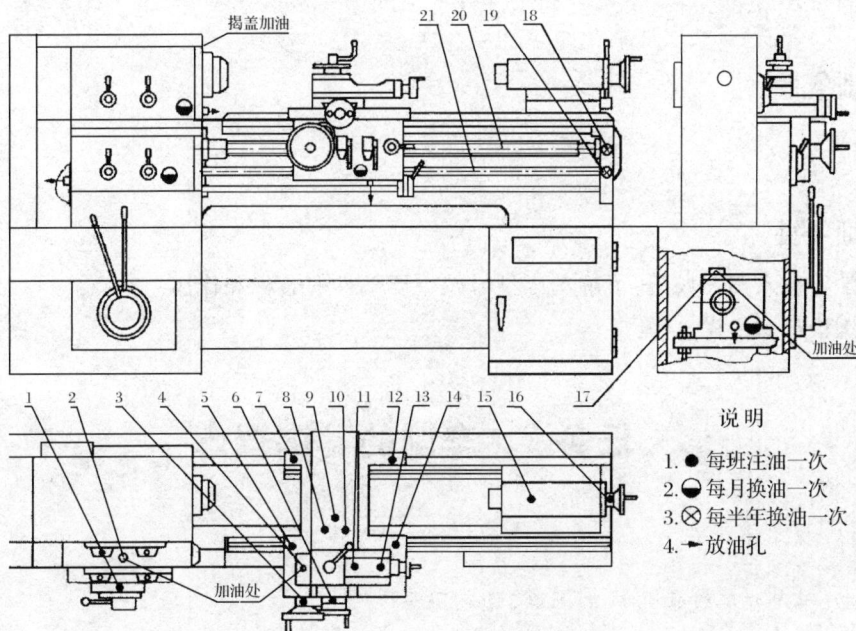

图1-11　C616车床的润滑位置

3.车床的清洁维护保养要求

(1)每班工作后应擦净车床导轨面(包括中滑板和小滑板),要求无油污、无铁屑,并浇油润滑,使车床外表清洁和场地整齐.

(2)每周要求车床三个导轨面及转动部位清洁、润滑,油眼畅通,油标油窗清晰,清洗护床油毛毡,并保持车床外表清洁和场地整齐等.

4.车床的一级保养

当车床运行 500 个小时后,需进行一级保养,一级保养应以操作工人为主,维修工人配合进行,保养的主要内容和要求如下.

(1)车床外表保养:清洗车床外表面及各罩盖,保持内外清洁,无锈蚀、无油污;清洗丝杠、光杠和操纵杆;检查并补齐各螺钉、手柄、手柄球等.

(2)主轴箱部分:清洗过滤器,使其无杂物,检查主轴并检查螺母有无松动,紧固螺钉是否拧紧.调整制动器及摩擦片间隙.

(3)交换齿轮箱:清洗齿轮、轴套、扇形板并注入新油脂;调整齿轮啮合间隙,检查轴套有无晃动现象.

(4)溜板及刀架:清洗刀架、中、小滑板丝杠、螺母、镶条,调整镶条间隙和丝杠螺母间隙.

(5)尾座:清洗尾座套筒、丝杠螺母并加油.

(6)冷却润滑系统:清洗冷却泵、滤油器、盛液盘,畅通油路,油孔、油绳、油毡清洁无铁屑;检查油质并保持良好,油杯应齐全,油标应清晰.

(7)电气部:清扫电动机、电器箱.检查电气装置是否固定整齐.

【技能实训】

一、实训条件
C616 车床

二、实训项目
1.组织学生进入实习场所,了解车床型号及主要部件的名称和作用.
2.车床维护保养操作练习.

任务 2　车削的基本概念

任务描述

车削运动、车削时工件上形成的表面、切削用量.

任务实施

一、车削运动

在车削过程中,工件和刀具的相对运动称为车削运动.按其作用,车削运动可分为主运动和进给运动.见图 1-12.

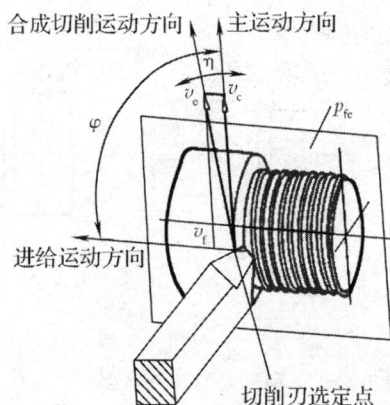

图 1-12　刀具和工件的运动

1. 主运动

指由机床或人力提供的主要运动,它促使刀具和工件之间产生相对运动,从而使刀具前面接近工件.对车削来说,就是工件的旋转运动,相对刀具来说,它的速度较高,消耗切削功率大,见图 1-12.

2. 进给运动

指由机床或人力提供的运动,它使刀具和工件之间产生附加的相对运动,加上主运动,即可不断地或连续地切除切削层,并得出具有所需几何特征的已加工表面,见图 1-12.进给运动包括车刀的纵向运动和横向运动.纵向运动一般是连续运动,横向运动可以是连续的也可以是间歇的运动.

二、车削形成的工件表面

在车削过程中车刀对工件进行切削,工件切削层不断发生变化,从而在工件上形成了待加工表面、过渡表面和已加工表面,见图 1-13.

1. 待加工表面

工件上有待切除的表面.

2. 过渡表面

工件上由切削刃形成的那部分表面,它在下一切削行程,刀具或工件的下一转里被切除,或者由下一切削刃切除.

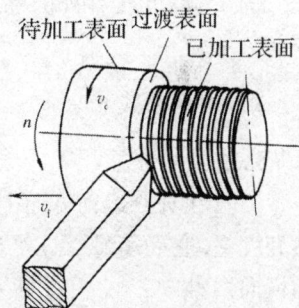

图 1-13　工件上的表面图

3. 已加工表面

工件上经刀具切削后产生的表面.

由于车削加工的形式不同,工件上形成的三个表面位置也不同,见图 1-14.

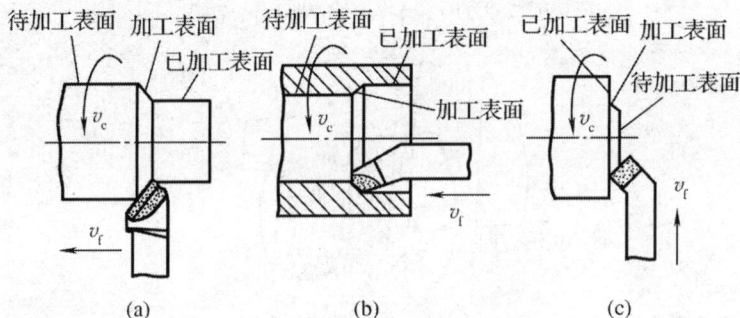

图 1-14 车削形成的三个表面

三、切削用量的基本概念

切削用量指在切削过程中的背吃刀量、进给量和切削速度三个基本要素.切削用量是用来表示切削运动大小的参数.合理选择三个要素对提高工件质量和生产率有着重要的意义.

1.背吃刀量 a_p（又称切削深度）

背吃刀量是在通过切削刃基点并垂直于工作平面的方向上测量的吃刀量（见图 1-15）（单位:mm）.车外圆时的背吃刀量 a_p 可按下式计算:

$$a_p = \frac{d_w - d_m}{2} \qquad\qquad （公式 1-1）$$

式中: d_w——工件待加工表面直径,mm;

d_m——工件已加工表面直径,mm;

例 1 已知工件外圆毛坯尺寸为 84 mm,现用一次进给车至 79 mm,则背吃刀量 a_p 为多少?

解:根据公式

$$a_p = \frac{d_w - d_m}{2} = \frac{84 - 79}{2} = 2.5 \text{ mm}$$

2.进给量 f

刀具在进给运动方向上相对工件的位移量,可用刀具或工件每转或行程的位移量来表述和度量.它是衡量沿进给运动方向上位移量大小的参数（单位:mm/r）.进给量可分为纵向和横向两种.

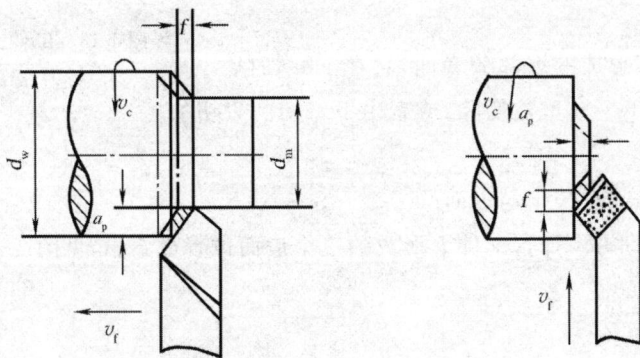

图 1-15 背吃刀量 a_p 和进给量 f

3. 切削速度 v_c

切削速度 v_c 是切削刃选定点相对于工件的主运动瞬时速度(见图 1-15),也是表示主运动大小的参数(单位:m/min).切削速度 v_c 的计算公式为:

$$v_c = \frac{\pi D n}{1\,000} \text{ 或 } v_c = \frac{Dn}{318}$$ (公式 1-2)

式中:v_c——切削速度,m/min;D——工件直径,mm;n——车床每分钟主轴转数,r/min.

例 2　加工一根短轴,直径 D 为 63 mm,主轴每分钟转数 n 为 480 r/min,求切削速度 v_c.

解:根据公式　　　　$v_c = \frac{\pi D n}{1\,000} = \frac{3.14 \times 63 \times 480}{1\,000} = 95 \text{ m/min}$

在实际生产中,往往碰到相反的问题,已知工件直径和选定的切削速度,而要计算主轴转数,这时可将上述公式改写为:

$$n = \frac{1\,000 v_c}{\pi D} \text{ 或 } n = \frac{318 v_c}{D}$$ (公式 1-3)

例 3　在车床上车一皮带轮,直径 D 为 400 mm,采用切削速度 v_c 为 40 m/min,则车床主轴转数 n 是多少?

解:根据公式 1-3:　　　　$n = \frac{1\,000 v_c}{\pi D} = \frac{1\,000 \times 40}{3.14 \times 400} \approx 30 \text{ r/min}$

经计算后所得的转数,应选取铭牌上与所得转数相近的转数.

四、切削用量的选择

1. 粗车时切削用量的选择

粗车时选择切削用量主要是考虑尽快地把多余材料切除,提高生产率,同时兼顾刀具寿命.原则上应选大的切削用量,但切削用量大对刀具寿命会产生不利影响,影响最大的是切削速度,其次是进给量,影响最小的是背吃刀量.因此首先应选一个尽可能大的背吃刀量,最好一次能将粗车余量切除,若余量太大一次无法切除的才可分为两次或三次;其次选择一个较大的进给量;最后根据已选定的背吃刀量和进给量,在工艺系统刚度、刀具寿命和机床功率许可的条件下选择一个合理的切削速度.

2. 半精车、精车时切削用量的选择

半精车、精车时,主要以保证工件加工质量为主,并兼顾生产率和刀具寿命.

(1)背吃刀量

半精车、精车时的背吃刀量是根据技术要求由粗车后留下的余量确定的,原则上半精车、精车都是一次进给完成.若工件表面质量要求较高,可分两次进给完成,但最后一次进给的背吃刀量不得小于 0.1 mm.一般情况下,半精车时选取 $a_p = 0.5 \sim 2$ mm;精车时选取 $a_p = 0.1 \sim 0.5$ mm.

(2)进给量

半精车、精车时的进给量主要受表面粗糙度的限制,表面粗糙度小,进给量可选得小一些.

(3)切削速度

根据刀具材料选择,高速钢车刀应选较低的切削速度($v_c < 5$ m/min),硬质合金车刀应选较高的切削速度($v_c > 80$ m/min).

【技能实训】

一、实训条件

C616 车床

二、实训项目

C616 车床的操作练习

(一)车床启动及主轴正反转练习

1.检查车床各变速手柄是否处于空挡位置,操纵杆是否处于停止位置,确认无误后,方可合上车床电源总开关.

2.向上提起溜板箱右侧的操纵杆手柄,主轴正转.操纵杆手柄回到中间位置,主轴停止转动,向下压操纵杆手柄,主轴反转.

(二)主轴变速练习

车床主轴变速通过改变变速箱的长短手柄和主轴箱正面右侧的一个手柄的位置来控制,变速箱的长短手柄各有三个位置,可以得到 6 个速度.车床主轴箱正面右侧的控制手柄有Ⅰ、空挡、Ⅱ共 3 个挡位,通过主轴箱前面的转速表调整手柄到不同的位置即可得到不同的速度,使车床主轴可以得到 18 级转速.

(三)进给箱变速练习

进给箱正面有两个手柄,左手柄共有 5 个挡位,右手柄有Ⅰ、Ⅱ、Ⅲ、Ⅳ共 4 个挡位,用来调整螺距和进给量.根据加工要求调整所需螺距或进给量时,可通过查找进给箱上的调配表来确定手柄的具体位置.

(四)溜板箱手动操作练习

溜板部分实现车削时绝大部分作进给运动,床鞍及溜板箱作纵向移动,中滑板作横向移动,小滑板可作纵向或斜向微量移动,进给运动有手动和机动进给两种方式.

1.床鞍及溜板箱的纵向移动由溜板箱正面左侧的大手轮控制.手轮轴上的刻度盘圆周等分 300 格,手轮每转过 1 格,床鞍及溜板箱纵向移动 1 mm.

2.中滑板的横向移动由中滑板手柄控制.中滑板丝杠上的刻度盘圆周等分 200 格,手柄每转过 1 格,中滑板横向移动 0.02 mm.

3.小滑板在小滑板手柄控制下可作短距离的纵向移动.小滑板丝杠上的刻度盘圆周等分 60 格,手柄每转过 1 格,小滑板纵向(或斜向)移动 0.05 mm.小滑板的分度盘可顺时针或逆时针地在 90°范围内偏转所需角度.调整时,先松开前后锁紧螺母,转动小滑板至所需角度位置后,再锁紧螺母将小滑板固定.

三、注意事项

1.主轴正、反转的转换要在主轴停止转动后进行,避免因连续转换操作使瞬间电流过大而发生电器故障.

2.车床主轴变换转速时,必须先停车.

3.在调整变速手柄时,可手动低速旋转车床卡盘,同时进行变速,防止挡位不能完全调整到位.

4.进给箱变速原则上必须先停车,再变速,但在低速运转时可不停车进行变速,高速运转时则必须先停车再变速.

5.用左、右手分别摇动床鞍和中、小滑板,要求操作熟练,床鞍和中、小滑板的移动平稳、均匀.同时注意进退刀时各自手柄的摇动方向.

6.在利用床鞍或中、小滑板进刀时,注意消除各自丝杠间隙.

任务3 车刀

任务描述

通过本次任务的完成,掌握车刀的种类与用途、车刀切削部分的常用材料、车刀主要角度及对切削的影响.

任务实施

生产实践证明合理选择车刀材料、车刀几何角度和正确使用车刀是掌握车削技能的一个重要问题.

一、常用车刀的种类及用途

1.车刀的种类

常用车刀的种类见图1-16.

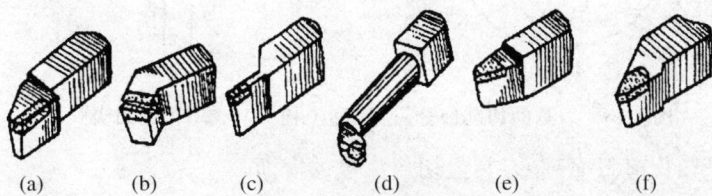

(a)   (b)   (c)   (d)   (e)   (f)

图1-16 常用车刀的种类

(a)90°车刀(偏刀) 用来车削工件的外圆、阶台和端面.

(b)45°车刀(弯头车刀) 用来车削工件的外圆、端面和倒角.

(c)切断刀 用来切断工件或在工件上切槽.

(d)车孔刀 用来车削工件的内孔.

(e)成型刀 用来车削成型面或圆角、圆槽.

(f)螺纹车刀 用来车削螺纹.

2.车刀的作用

常用车刀的基本用途见图1-17.

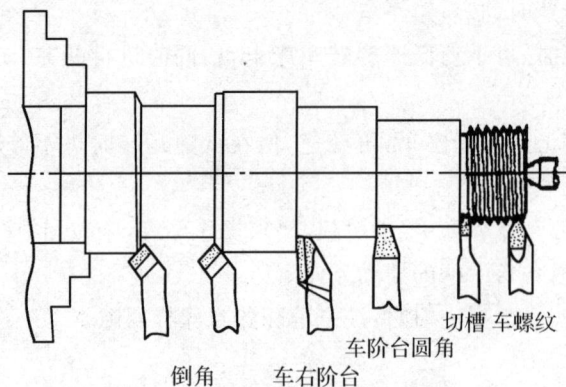

图 1-17　常用车刀的基本用途

二、车刀几何角度的定义及作用

1.刀具要素

刀具要素是指刀具各组成部分.车刀是由刀头和刀柄两部分组成.刀柄是刀具的夹持部分,刀头是刀具夹持刀条或刀片的部分,或由它形成切削刃的部分(切削部分).

刀体是一个几何体,由它形成的切削部分,是由若干切削刃和刀面所组成,见图 1-18.

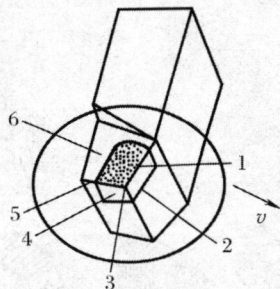

图 1-18　刀具的切削部分　　　图 1-19　车刀的刀尖

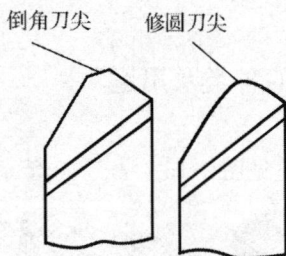

(1)前面 A_γ (又称前刀面)　刀具上切屑流过的表面.

(2)主后面 A_α (又称后刀面)　刀具上同前面相交形成主切削刃的后面.

(3)副后面 $A_\alpha{}'$ 　刀具上同前面相交形成副切削刃的后面.

(4)主切削刃 S 　起始于切削刃上主偏角为零的点,并至少有一段切削刃拟用来在工件上切出过渡表面的那个整段切削刃.

(5)副切削刃 S' 　切削刃上除主切削刃以外的刃,也起始于主偏角为零的点,但它向背离主切削刃的方向延伸.

(6)刀尖　指主切削刃与副切削刃的连接处相当少的一部分切削刃.车削时,为了提高刀尖强度,常把刀尖刃磨成修圆刀尖或倒角刀尖,见图 1-19.

2.刀具静止参考系的平面

车刀刀刃和刀面的空间位置是由车刀的几何角度大小来确定的.所谓刀具静止参考系,指用于定义刀具设计、制造、刃磨和测量时的参考系.刀具静止参考系的平面有基面、切削平面和正交平面.

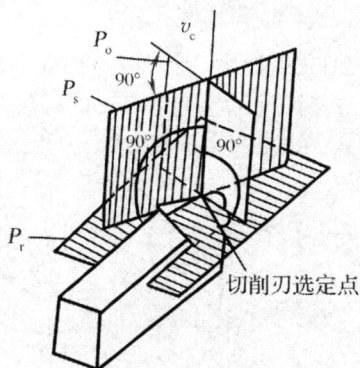

图 1-20　刀具静止参考系的平面

（1）基面 P_r　过切削刃选定点的平面，它平行或垂直于刀具在制造、刃磨及测量时适合于安装或定位的一个平面或轴线，一般说来其方位要垂直于假定的运动方向.

（2）主切削平面 P_s　通过主切削刃选定点与主切削刃相切并垂直于基面的平面.

（3）正交平面 P_o　通过主切削刃选定点并同时垂直于基面和切削平面的平面.

3.车刀的主要角度及作用

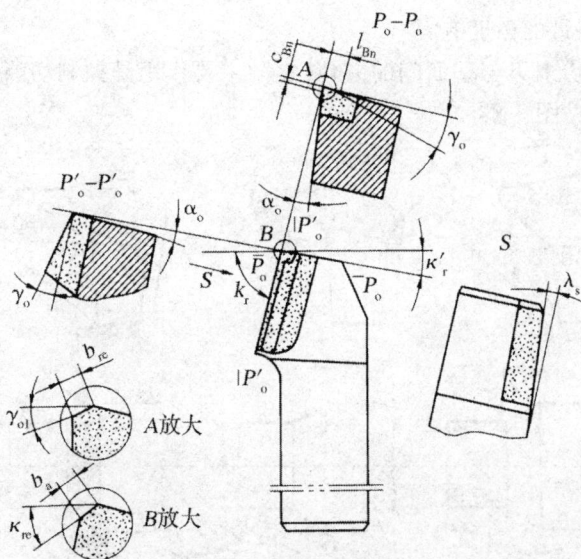

图 1-21　车刀角度的标注

车刀的几何角度，指在"静止状态"下确定的切削刃与刀面的方位角度，称为刀具静态角度，也称刀具标注角度.车刀切削部分主要有六个独立角度及标注方法，见图 1-21.

在主正交平面内测量的角度有：

（1）前角 γ_o　前面和基面间的夹角.它的主要作用是影响切削变形和切削力，影响刀刃强度和锋利程度，增大前角，使刀刃锋利减少切削变形，但前角过大会影响车刀切削部分及主切削刃的强度.

（2）后角 α_o　后面与切削平面间的夹角.它的主要作用是减少车刀主后面与过渡表面间的摩擦.

在副正交平面内测量的角度有：

（3）副后角 α_o'　副后刀面与副切削平面间的夹角.它的主要作用是减少车刀副后面与

已加工表面之间的摩擦.

前角、后角的正负值规定:在正交平面中,前刀面与切削平面间的夹角小于 90° 时前角为正,大于 90° 时前角为负.后刀面与基面间的夹角小于 90° 时后角为正,大于 90° 时后角为负,见图 1-22.

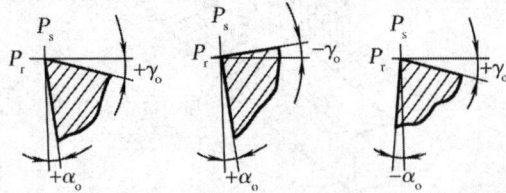

图 1-22　前、后角正负值的规定

在基面内测量的角度有:

(4)主偏角 K_r　主切削平面与假定工作平面间的夹角.它的主要作用是改善主切削刃与切削部分的受力及散热情况.

(5)副偏角 K_r'　副切削平面与假定工作平面间的夹角.它的主要作用是减少副切削刃与工件已加工表面之间的摩擦.

在主切削平面内测量的角度有:

(6)刃倾角 λ_s　主切削刃与基面间的夹角.它的主要作用是控制切屑排出的方向和影响车刀切削部分的强度,见图 1-23.

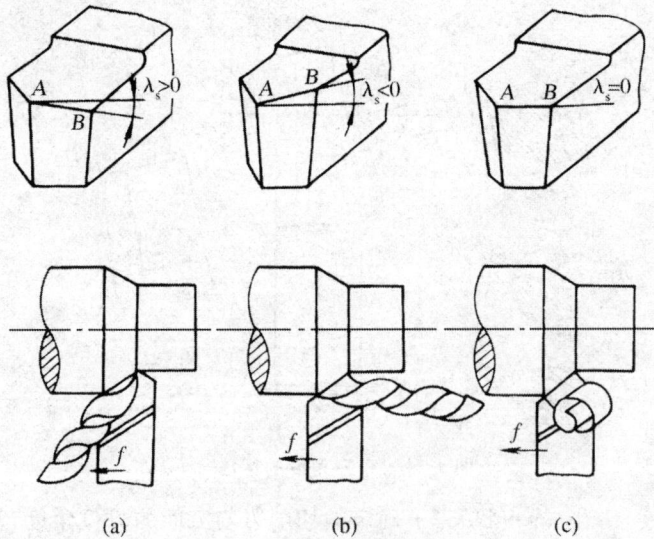

图 1-23　车刀的刃倾角

(a)刃倾角为正值　(b)刃倾角为负值　(c)刃倾角为零值

刃倾角有正值、负值、零值三种情况,见图 1-23.

正值刃倾角　当刀尖位于主切削刃最高点时,刃倾角为正值.车削时,切屑排向工件待加工表面方向,见图 1-23(a).

负值刃倾角　当刀尖位于主切削刃最低点时,刃倾角为负值.车削时,切屑排向工件已加工表面方向,见图 1-23(b).

零值刃倾角　当主切削刃和基面平行时,刃倾角为零值.车削时,切屑垂直于主切削刃方向排出,见图 1-23(c).

车刀除上述六个主要独立角度外,一般还有派生的两个角.

楔角 β_0 前面与后面间的夹角.在正交平面中测量.

刀尖角 ε_r 主切削平面与副切削平面间的夹角.在基面中测量.

4.车刀几何角度的初步选择

(1)前角 γ_0 的选择 前角的大小主要与工件材料、刀具材料、加工性质有关,其中影响最大的是工件材料.前角大小主要的选择原则如下.

①工件材料 工件材料软,可以取较大的前角;工件材料硬,可以取较小的前角.车削塑性材料时,应取较大的前角;车削脆性材料时,应取较小的前角.

②刀具材料 刀具材料强度低、韧性差,前角应取较小,反之取较大前角.高速钢车刀的强度和韧性比硬质合金好,可取较大的前角而硬质合金车刀则应取较小的前角.

③加工性质 粗加工时,为了延长刀具的寿命,应取较小的前角;精加工时,为了减小工件表面粗糙度值,应取较大的前角;特别是断续切削时,为了保证切削刃有足够的强度,应取较小或负值的前角.

(2)后角 α_0 的选择 后角太大,会降低切削刃和刀头强度;后角太小,会增加后刀面与工件表面间的摩擦.后角主要选择的原则如下.

①粗加工时,为了保证切削刃和切削部分有足够的强度,应取较小的后角;精加工时,为了使切削刃锋利和减小后刀面与工件表面间的摩擦,应取较大的后角.

②工件材料硬,为了保证切削刃有足够的强度,应取较小的后角,反之取较大的后角.

③副后角 α_0' 一般取和主后角相等的数值,但对切断刀因强度低,副后角应取 $1°\sim2°$ 为宜.

(3)主偏角 K_r 和副偏角 K_r' 的选择 常用的主偏角有 $45°,75°,90°$ 等几种.

①主偏角的选择首先取决于工件形状要求,如车削阶台类和不通孔工件时,$K_r \geqslant 90°$.

②当车床工艺系统刚性较好时,应取较小的主偏角,反之取较大的主偏角.

③工件材料强度和硬度较高时,为了保证刀尖强度应取较小的主偏角.

④副偏角的大小选择,应根据工件表面粗糙度的要求及刀尖强度来决定.

(4)刃倾角 λ_s 的选择 刃倾角的选择,主要根据切屑排出的方向和刀尖强度要求来选择.

①当工件毛坯形状圆整、规则、余量均匀时,一般取零值的刃倾角.

②精车时,为了使切屑排向待加工表面和减小工件表面的粗糙度值,刃倾角应取正值.

③当工件硬度和强度高,断续和强力切削时,刃倾角应取负值.

三、常用车刀切削部分的材料

1.刀具材料的基本要求

(1)高硬度 表示刀具材料在常温下应具有高硬度.它必须高于工件材料的硬度,其常温硬度 HRC60 以上.

(2)强度和韧性 刀具材料必须具备能承受载荷的强度和韧性.它能防止刀具材料脆性断裂和崩刃,一般情况下硬度越高,则强度和韧性越差.

(3)耐磨性 耐磨性表示刀具材料抵抗磨损的能力.一般情况下刀具材料硬度越高,则耐磨性越好.

(4)热硬性(耐热性)　刀具材料在高温下,仍能保持材料硬度的性能.它是衡量刀具材料切削性能好坏的重要指标.热硬性越好,刀具材料允许的切削速度越高.

(5)良好的工艺性　刀具材料本身应具有良好的可加工性、可磨削性和较好的热处理性以及可焊接性等.

此外,刀具材料还应具备良好的导热性和经济性.

2.常用的车刀材料

目前,车刀切削部分的常用材料有高速钢和硬质合金两大类.

(1)高速钢

高速钢是含钨 W、钼 Mo、铬 Cr、钒 V 等合金元素较多的工具钢,常用牌号有 W18Cr4V、W6Mo5Cr4V2.

高速钢具有较好的综合性能和可磨削性能,可制造各种复杂刀具和精加工刀具,应用广泛.主要适合制造小型刀具、螺纹刀及形状复杂的成型刀.

高速钢车刀的特点:制造简单,刃磨方便,刃口锋利,韧性好并能承受较大的冲击力,但高速钢车刀的耐热性较差,不宜高速切削.

(2)硬质合金

硬质合金是用钨和钛的碳化物粉末加钴作为黏结剂,经过高压压制成型后再经高温烧结而成的粉末冶金制品.硬度、耐磨性和耐热性均高于高速钢.硬质合金的缺点是韧性较差,承受不了大的冲击力.硬质合金是目前应用最广泛的一种车刀材料.

常见硬质合金的分类用途、性能代号以及与旧牌号的对照,见表 1-2.

表 1-2　常见硬质合金的分类用途、性能代号以及与旧牌号的对照

用途分组代号	硬质合金牌号	用途分组代号	硬质合金牌号
P01	YT30、YN10	M30	
P10	YT15	M40	
P20	YT14	K01	YG3X
P30	YT5	K10	YG6X、YG6A
P40		K20	YG6、YG8N
P50		K30	YG8N、YG8
M10	YW1	K40	
M20	YW2		

3.选择车刀材料的一般原则

正确选择车刀材料对切削效果和发挥车刀的作用有着重要意义.

(1)当切削速度不太高,但刃磨较复杂、精度要求高的刀具,宜采用高速钢刀具.

(2)一般用于加工铸铁,有色金属及合金宜选择 K 类硬质合金刀具.

(3)对切削普通碳钢和韧性较大的塑性材料,宜选择 P 类硬质合金刀具.

(4)用于难加工材料的刀具,宜选择 M 类硬质合金.

【技能训练】

一、实训条件

表 1-3　设备、工具

工具/量具	刀具
刀具角器	90°刀、45°车刀

二、实训项目

测量如下图所示面刀具的角度.

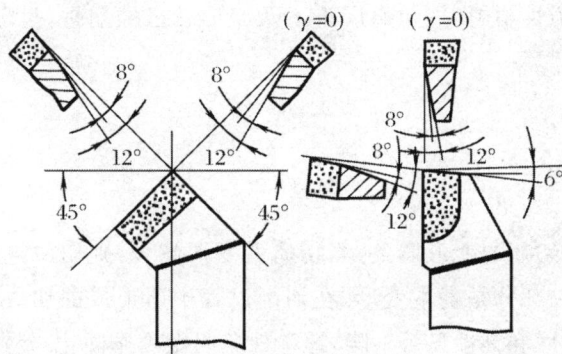

图 1-24

任务 4　金属的切削过程

任务描述

通过本次任务的完成,掌握切削的形成过程及切削种类、切削热、切削液、刀具的磨损及耐用度.

任务实施

金属切削过程是指:工作上多余的金属层,在刀刃的切割、前刀面的推挤下,产生变形、滑移、分离而形成切屑的过程.在切削塑性金属时,切屑能否按一定规律折断,是关系到工件的加工质量、生产效率和操作安全的重要问题.因此,研究切屑的形状和变形规律,并提出相应的断屑措施,是有现实意义的.

一、切屑的类型

1.带状切屑

当选择较高的切削速度、较大的车刀前角车削塑性金属材料时,容易产生内表面光滑而外表面毛茸的切屑,成带状切屑.

特点：在生产中最常见的是带状切屑，产生带状切屑时，切削过程比较平稳，因而工件表面较光滑，刀具磨损也较慢.但带状切屑过长时会妨碍车削，并容易发生人身事故，所以应采取断屑措施.

2.挤裂状切屑

当切削速度较低、切削厚度较大、前角较小的情况下，切削塑性材料的金属时，容易产生内表面有裂纹、外表面呈齿状的切屑，叫挤裂状切屑.

3.单元切屑

在挤裂切屑形成的过程中，若整个剪切面上所受刀的剪应力超过材料的破裂程度时，切屑就成为粒状，这就形成了单元切屑，又称粒状切屑.

4.崩碎切屑

切削铸铁、黄铜等脆性材料时，切屑层来不及变形就已经崩裂，呈现出不规则的粒状切屑，叫崩碎切屑.

二、断屑

1.断屑原因

切屑折断的原因是切屑的变形所致，当切屑的变形越大，则切屑越容易折断.切屑的变形可由两部分组成：第一部分是基本变形.在切削过程中所形成的切屑，由于经过较大的塑性变形，其硬度提高，塑性和韧性显著下降，这种现象叫做冷作硬化.经过冷作硬化的切屑变得硬而脆，当受到弯曲或冲击载荷时就容易折断；第二部分是附加变形.所谓附加变形，就是切屑在流动过程中所受到的卷曲变形.迫使切屑经受附加变形的办法，通常是在车刀的前刀面上磨出(或压制出)一定形状的卷屑槽或安装断屑器(图 1-25)，使切屑流入卷屑槽或碰到断屑器而承受卷曲变形.经过附加卷曲变形的切屑，进一步硬化和脆化，当碰到工件表面或车刀后面刀面上时，就很容易被折断.

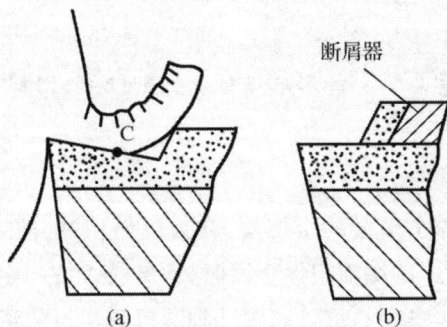

图 1-25　(a)切屑的卷曲　(b)可调式断屑器

2.车削时影响断屑的因素很多，主要原因有下面几点.

(1)刀具几何角度

对断屑影响最大的刀具几何角度是主偏角和前角.前角增大，切屑变形小；前角减小，切屑变形大，易断屑.主偏角增大，切屑变形大，易断屑.刃倾角可通过改变角度正负值从而改变切屑流向，影响断屑.

(2)切削用量

实践证明,切削用量中对断屑影响最大的是进给量,其次是背吃刀量和切削速度.增大进给量,切屑变形大,易断屑.

(3)断屑槽的形状尺寸

断屑槽有直线型、圆弧形和直线圆弧形等几种.断屑槽的宽度对断屑的影响很大,宽度小,切屑变形大,易断屑.当进给量和背吃刀量增大时,断屑槽的宽度也应稍大一些.

三、积屑瘤

1.积屑瘤的形成

在中等切削速度下切削钢料、有色金属等塑性材料时,由于切屑和前刀面产生剧烈摩擦,当摩擦力超过切屑内部结合力时,一部分金属离开切屑被"冷焊"到前刀面上,从而形成了积屑瘤.产生积屑瘤的决定因素是切削温度.

2.积屑瘤的影响

(1)积屑瘤能代替切削刃进行切削,增大实际前角,从而减小切屑变形和切削力,保护刀刃刃口.

(2)积屑瘤影响加工表面粗糙度与尺寸精度,降低切削加工质量.

(3)积屑瘤会造成切削力的波动,刀具无法形成稳定的刀面和刀刃,切削不稳定,易产生振动.

纵观上述内容,显然积屑瘤对粗加工有利,对精加工不利.

3.积屑瘤的控制

(1)降低工件材料的塑性,提高硬度,抑制积屑瘤的产生.

(2)控制切削速度,越过形成积屑瘤的适宜温度,在低速和高速状态下,均不会产生积屑瘤,在中速 $v_c > 15 \sim 25$ m/min 切削中碳钢时,产生的切削温度约为 $300 \sim 400$ ℃,这是形成积屑瘤的适宜温度,此时摩擦系数最大,积屑瘤生长得最高,因而表面粗糙度值最大.

(3)增大前角,减小切削变形,切削力减小,切削温度下降,从而减小积屑瘤.

(4)减小进给量、减小刀具前刀面的表面粗糙度值,合理使用切削液等,都可以抑制积屑瘤的形成.

四、切削力

1.切削力的形成

切削加工时,工件材料抵抗刀具切削所产生的阻力称为切削力.切削力是一对大小相等、方向相反、分别作用在工件上和车刀上的作用力与反作用力.切削力来源于工件的弹性变形与塑性变形抗力、切屑对前刀面及工件对后刀面的摩擦力.

2.影响切削力的主要原因

切削力的大小跟工件材料、车刀角度和切削用量等因素有关.

(1)工件材料　工件材料的硬度、强度越高,其切削力就越大.切削脆性材料比切削塑性材料的切削力要小一些.

(2)切削用量　切削用量中对切削力影响最大的是背吃刀量,其次是进给量,影响最小的是切削速度.背吃刀量增大一倍,切削力也增大一倍.

(3)车刀几何角度　车刀几何角度中对切削力影响最大的是主偏角、前角.

①主偏角 K_r　增大主偏角,使径向力减小,而轴向力增大,所以在车削细长轴时一定要选用大的主偏角.

②前角 γ_o　增大前角,则车刀锋利,切削变形小,切削力也小.

五、切削热与切削温度

切削热与切削温度是金属切削过程中的重要物理现象之一,切削热与切削力产生的原因相同.切削温度与切削热有着密切的联系,切削温度一般指切屑与前刀面接触区域的平均温度.切削温度的高低与切削热的产生和切削热的传递两个因素有关,切削热通过切屑、工件、刀具和周围的介质传递出去.其中切屑传导得最多,能达切削热的 50%～80%;工件传导 40%～15%;车刀传导 9%～4%;从空气中传递得最少,约 1% 左右.

影响切削热的因素有工件材料、刀具几何角度和切削用量等,其中对切削热影响最大的是切削速度,其次是进给量,而影响最小的是背吃刀量.

六、刀具合理几何参数的选择

刀具合理几何参数,是指在保证加工质量和刀具寿命的前提下,能提高生产效率的几何形状及角度.刀具切削部分的几何参数包括刀具角度、刀面和切削刃的形状和数值.这些参数选择得是否合理,对刀具寿命长短、切削性能优劣、加工质量好坏和生产效率高低,都有很大的影响.

(一)前角和前刀面形状的选择

1.前角对切削过程的影响

(1)增大前角能使刀刃锋利,减少切削变形,从而降低切削力和切削热.

(2)增大前角可抑制积屑瘤的产生.

(3)增大前角可减小切屑与前刀面的摩擦,使排屑顺畅.

(4)前角影响刀头强度和散热性,当前角越大,刀头强度越低,散热条件越好.

2.前角的选择

选择前角应遵循"锐中求有"的原则,即在保证车刀有足够强度的前提下,力求刀刃锋利,通常根据刀具材料、工件材料和加工条件选择前角的数值.

3.前刀面的选择

常用的前刀面形状有平面型、曲面型、平面带倒棱型,阶台或曲面倒棱型.对于高速钢车刀,只用 $\gamma_o > 0°$ 的平面或曲面型,其他形状一般适用于硬质合金车刀.

(二)倒棱和刀尖形状的选择

1.倒棱的选择

在正前角车刀切削刃上磨出一条狭窄的棱边,称为倒棱,如图 1-26 所示.倒棱可增加切削刃强度,改善散热条件,从而提高刀具使用寿命.对硬质合金车刀和陶瓷刀具,尤其是粗车时,效果更为显著.倒棱宽度 b_{r1} 和倒棱角度 γ_{o1} 的绝对值越大,刀具切削刃强度越好,但切削力也随着增大.倒棱参数要根据刀具材料、工件材料和加工条件具体选择.

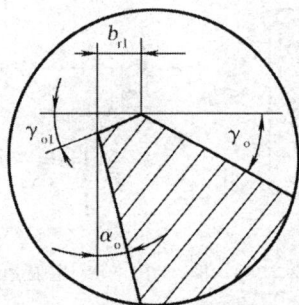

图 1-26　倒棱刀

（1）高速钢刀具由于切削刃处的韧性较好，抗弯强度较高，一般不需磨出负倒棱，必要时可采用正倒棱，$b_{\gamma 1}=(0.8\sim 1)f$；$\gamma_{o1}=0°\sim 5°$.

（2）硬质合金车刀，一般都应磨出负倒棱，具体参数如下.

切削低碳钢、不锈钢及灰铸铁时：

在一般加工条件下，建议选取 $b_{r1}\leqslant 0.5f$，$\gamma_{o1}=-5°\sim 10°$；

切削中碳钢、合金钢时，$b_{r1}\leqslant(0.3\sim 0.8)f$，$\gamma_{o1}=-10°\sim 15°$；

粗加工锻钢件、铸钢件或断续切削时，如机床功率和刚性许可，可选择 $b_{r1}\leqslant(0.5\sim 2)f$，$\gamma_{o1}=-10°\sim 15°$.

2.刀尖形状的选择

刀尖形状有圆弧形刀尖和倒棱形两种.

（1）圆弧形刀尖　合理选择刀尖圆弧半径可以增加刀尖强度，改善散热条件，减少切削时的残留面积高度，提高工件表面质量.

（2）倒棱形刀尖　一般适用于大型车刀，其功用与圆弧形刀尖相同.

（三）后角的选择

1.后角对切削过程的影响

（1）减小后刀面与工件之间的摩擦，提高加工表面质量和延长刀具使用寿命.

（2）配合前角调整切削刃的锋利程度和刀头强度与散热条件.

（3）减小后角，在特定条件下可抑制切削时的振动.如消振棱的后角 α_o 为 0°或负值.

2.后角的选择

（1）粗加工时，为了保证切削刃和切削部分有足够的强度，应取较小的后角；精加工时，为了使切削刃锋利和减小后刀面与工件表面间的摩擦，应取较大的后角.

（2）工件材料硬，为了保证切削刃有足够的强度，应取较小的后角，反之取较大的后角.

（3）高速钢车刀的后角，可比同类型的硬质合金车刀稍大些.

（4）工艺系统刚性差，容易出现振动时，应适当减小后角.

（四）主偏角的选择

1.主偏角对切削过程的影响

（1）改变切削力的比例　当主偏角增大时，由于改变了推力 F_D（即水平分力）的方向，使背向力 F_P 减小，进给力 F_f 增大（图 1-27），不易产生振动.

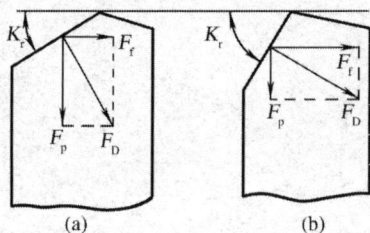

图 1-27　主偏角对切削力的影响　　　　图 1-28　主偏角与切削厚度和宽度的关系
(a)主偏角小　(b)主偏角大

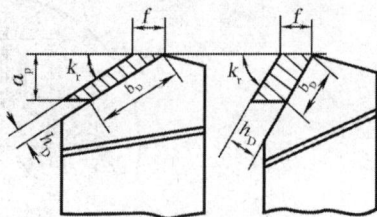

(2)影响刀具寿命　主偏角的大小直接影响切削厚度 h_D 和切削宽度 b_D 的比例(图 1-28).当减小主偏角时,切削刃工作长度增长,单位长度上的负荷减轻;刀尖角增大,刀具的散热条件改善;刀具使用寿命延长.

(3)影响断屑　增大主偏角,使切屑变得窄而厚,容易断屑.

2.主偏角的选择

在尽可能提高刀具寿命、又不至于发生切削震动的前提下,合理选择主偏角的数值.其选择原则是:当工艺系统刚性允许的条件下,尽可能取较小的主偏角.在一般情况下,工件的长度与直径之比越小,主偏角也越小.

(五)副偏角的选择

1.副偏角对切削过程的影响

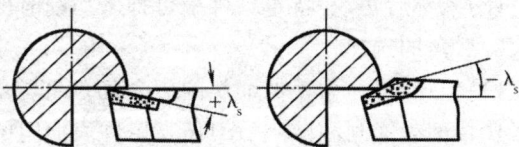

(1)影响加工表面质量　增大副偏角可减少副切削刃与已加工表面之间的摩擦,但使已加工表面的残留面积高度增加、表面粗糙度值增大(图 1-29);反之,副偏角减小,副切削刃与工件已加工表面的接触长度增加,修光作用加强,可减小表面粗糙度值.但副偏角过小会使背向力 F_p 增大,容易引起切削时的振动.

(2)影响刀尖强度和刀具寿命　当主偏角一定时,副偏角增大,则刀尖强度减小,散热体积也随之减小,刀尖处切削温度提高,磨损加快,降低刀具使用寿命.

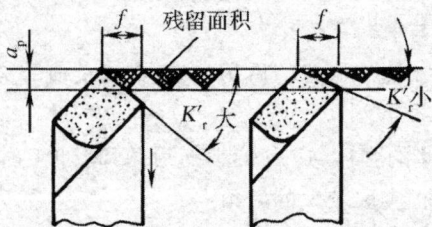

图 1-29　副偏角对切削过程的影响　　　　图 1-30　刃倾角对刀具强度的影响

2.副偏角的大小选择

副偏角的大小选择,应根据工件表面粗糙度的要求及刀尖强度来决定.

(六)刃倾角的选择

1.刃倾角对切削过程的影响

(1)控制切屑排出方向　当刃倾角为正值($+\lambda_s$)时,切屑流向工件待加工表面;刃倾角为负值($-\lambda_s$)时,切屑流向工件已加工表面;刃倾角为零值($\lambda_s=0°$)时,切屑垂直于主切削刃方向流出.

（2）影响刀尖强度和散热条件　当刃倾角为负值（$-\lambda_s$）时，刀尖位于切削刃的最低点.切削时离刀尖较远的切削刃先接触工件，而后逐渐切入，这样可使刀尖免受冲击（图 1-30），有利于提高刀具寿命；当 $\lambda_s=0°$ 时，切削刃同时切入和切出，冲击力大；正值刃倾角（$+\lambda_s$）将使冲击载荷首先作用于刀尖，刀头强度低，散热条件较差.

（3）影响切削平稳性　当刃倾角 $\lambda_s \neq 0°$ 时，切削刃逐渐切入或切出工件，减小冲击，而且刃倾角值越大，切削刃越长，切削过程越平稳.

（4）增大刀具实际前角　当刃倾角的绝对值越大，刀具在切削时的实际前角就越大，减少切削变形，使切削力下降. 如刃倾角增大到 $\lambda_s=60°$ 时，实际前角的增大值为 $42°\sim32°$.

（5）减小刀口钝圆半径　增大刃倾角，可减小刀口圆弧的有效半径（图 1-31），使刀口锋利，便于实现微量切削（$a_p=0.01\sim0.02$ mm）.

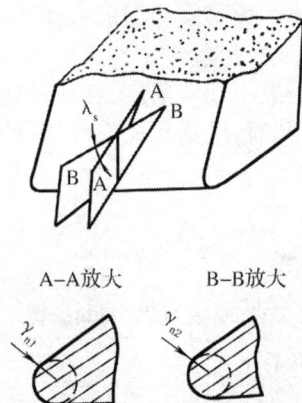

A–A放大　　　　B–B放大

图 1-31　刃倾角减小刀口实际钝圆半径

2.刃倾角的选择

冲击负荷较大的断续切削，为保证刀尖强度、提高切削平稳性，应取较大的负值刃倾角；精加工时应取正值刃倾角；加工高硬度材料时，可取负值刃倾角，以提高刀具强度.

七、切削液

切削液是在切削过程中为改善切削加工效果而使用的冷却润滑液.合理地使用切削液，可减小工件的热变形和表面粗糙度，保证加工精度，从而延长刀具寿命，提高生产率.

1.切削液的作用

（1）冷却作用　切削液可带走车削时产生的大量热量，降低切削温度，改善切削条件，延长刀具寿命.

（2）润滑作用　切削液能渗透到工件与刀具之间，减小刀具与切屑、工件之间的摩擦，提高工件加工质量.

（3）清洗作用　切削液能冲洗掉沾到工件和刀具上的细小切屑，防止切屑拉毛工件，甚至堵塞加工表面.

（4）防锈作用　在切削液中加入防锈剂，可保护工件、刀具、车床免受腐蚀，起到防锈作用.

2.切削液的种类

常见切削液有乳化液和切削油两种.

（1）乳化液　把乳化油加注 15～20 倍的水稀释而成，乳化液的特点是比热容大、黏度小、流动性好，可吸收切削热中的大量热量，主要起冷却作用.

（2）切削油 切削油的主要成分是矿物油，常用的有 10 号、20 号机油、煤油、柴油，切削油的特点是比热容小、黏度大、流动性差，主要起润滑作用.

3.使用切削液的注意事项

（1）粗加工时产生热量多，应采用以冷却为主的乳化液，精加工时主要是为了获得较高的加工精度，应采用以润滑为主的切削油.

（2）切削液必须浇注在切削区域.

（3）用硬质合金车刀切削时，一般不加切削液.如果使用切削液，必须从开始连续充分地浇注.

（4）控制好切削液的流量，太小起不到应有的作用，太大造成切削液的浪费.

（5）加注切削液可以采用浇注法和高压冷却法.浇注法简便易行，一般车床均有这种冷却系统.高压冷却法是以较高的压力和流量将切削液喷向切削区，这种方法一般用于半封闭加工或车削难加工材料.

（6）车削脆性材料时，如铸铁，一般不加切削液，若加只能加注煤油.车削镁合金时，为防止燃烧起火，不加切削液，若必须冷却时，应用压缩空气进行冷却.

【技能训练】

一、实训条件

表 1-4 设备、工具、材料配置

设备名称	工具/量具	刀具	材料
砂轮机	角度量板	90°刀、45°刀	焊接车刀

二、实训项目

刃磨如下图所示 90°和 45°焊接车刀.

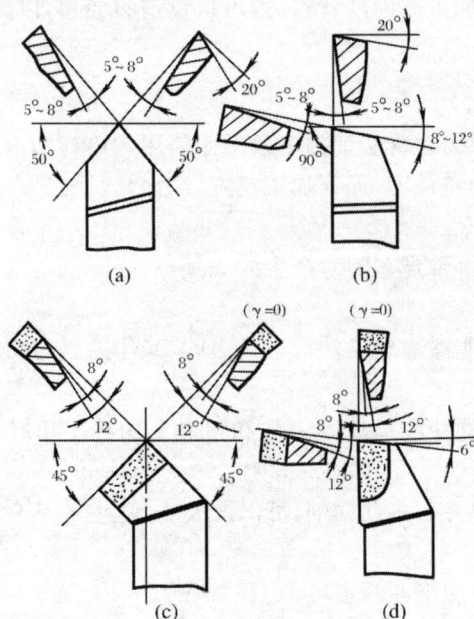

图 1-32

(一)砂轮的选用

刃磨车刀的砂轮大多采用平形砂轮,按其磨料不同,目前常用的砂轮有氧化铝砂轮和碳化硅砂轮两类.

(1)氧化铝砂轮 又称刚玉砂轮,多呈白色,其磨粒韧性好,比较锋利,硬度较低(指磨粒在磨削抗力作用下容易从砂轮上脱落),自锐性好,适用于高速钢和碳素工具钢刀具的刃磨和硬质合金车刀刀体部分的刃磨.

(2)碳化硅砂轮 多呈绿色,其磨粒的硬度高,刃口锋利,但脆性大,适用于硬质合金车刀的刃磨.

砂轮的粗细以粒度表示,一般可分为 36 粒、60 粒、80 粒和 120 粒等级别.粒数越细则表示砂轮的磨料越细,反之越粗.粗磨车刀应选粗砂轮,精磨车刀应选细砂轮.

(二)刀具的刃磨

砂轮机是用来刃磨各种刀具、工具的常用设备,由电动机、砂轮机座、托架和防护罩等部分组成.

砂轮机启动后,应在砂轮旋转平稳后再进行磨削.若砂轮跳动明显,应及时停机修整.

1.刃磨车刀的姿势及方法

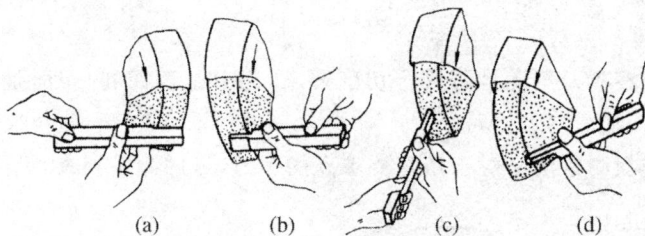

图 1-33 刃磨车刀的姿势

①人站立在砂轮侧面,以防砂轮碎裂时,碎片飞出伤人.

②两手握刀的距离放开,两肘夹紧腰部,这样可以减小磨刀时的抖动.

③磨刀时,车刀应放在砂轮的水平中心,刀尖略微上翘约 3°～8°.车刀接触砂轮后应作左右方向水平线移动.当车刀离开砂轮时,刀尖需向上抬起,以防磨好的刀刃被砂轮碰伤.磨主后面时,刀杆尾部向左偏过一个主偏角的角度,见上图 1-33(a);磨副后面时,刀杆尾部向右偏过一个副偏角的角度,见上图 1-33(b).修磨刀尖圆弧时,通常以左手握车刀前端为支点,用右手转动车刀尾部,见上图 1-33(c)(d).

2.车刀刃磨方法

车刀的刃磨分成粗车和精车.刃磨硬质合金焊接车刀时还需要先将车刀前面、后面上的焊渣磨去.粗磨时按主后面、副后面、前面的顺序刃磨;精磨时按前面、主后面、副后面、修磨刀尖圆弧的顺序进行.硬质合金刀还需用细油石研磨其刀刃.以 90°质合金车刀为例,刃磨步骤如下.

①首先在氧化铝砂轮上将刀面上的焊渣磨掉,并把车刀底平面磨平.

②在氧化铝砂轮上粗磨出刀杆上的主后刀面和副后刀面,其后角要比刀头上后角大 2°～3°.

③在碳化硅砂轮上粗磨出刀头上的主后刀面和副后刀面,其后角要比正确后角大 2°～3°.

④磨断屑槽.

⑤精磨刀头上主后刀面和副后刀面,使其达到要求.

⑥磨负倒棱.

⑦磨过渡刃.

刃磨高速钢车刀时一定要注意刀头冷却,防止因磨削温度过高造成车刀退火;刃磨硬质合金车刀时一般不用冷却,若刀杆太热可将刀杆浸在水中冷却,绝不允许将高温刀头沾水,以防止刀头断裂.

现以45°车刀为例介绍如下.

(1)粗磨

①磨主后面,同时磨出主偏角及主后角.

②磨副后面,同时磨出副偏角及副后角.

③磨前面,同时磨出前角.

(2)精磨

①修磨前面.

②修磨主后面和副后面.

③修磨刀尖圆弧.

3.检查车刀角度的方法

(1)目测法 观察车刀角度是否符合切削要求,刀刃是否锋利,表面是否有裂痕和其他不符合切削要求的缺陷.

(2)量角器和样板测量法 对于角度要求高的车刀,可用此法检查,见图1-34.

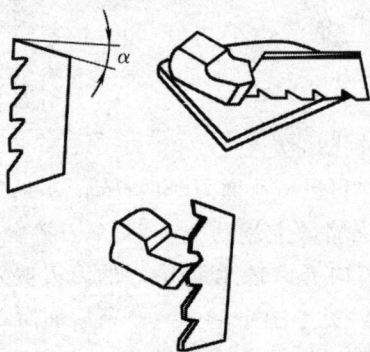

图1-34 用样板测量刀具角度   图1-35 砂轮的修整

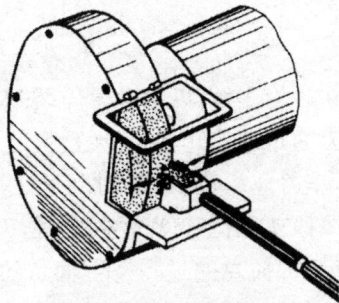

三、注意事项

1.刃磨时必须戴防护眼镜,操作者应按要求站立在砂轮机侧面.

2.在磨刀前,要对砂轮机的防护设施进行检查.如防护罩壳是否齐全;有托架的砂轮,其托架与砂轮之间的间隙是否恰当等.

3.车刀刃磨时,不能用力过大,以防打滑伤手.

4.车刀高低必须控制在砂轮水平中心,刀头略向上翘,否则会出现后角过大或负后角等弊端.

5.车刀刃磨时应作水平的左右移动,以免砂轮表面出现凹坑.

6. 在平形砂轮上磨刀时,尽可能避免在砂轮侧面刃磨.

7. 砂轮磨削表面须经常修整,使砂轮没有明显的跳动.对平形砂轮一般可用砂轮刀在砂轮上来回修整,见图1-35.

8. 刃磨硬质合金车刀时,不可把刀头部分放入水中冷却,以防刀片突然冷却而碎裂.刃磨高速钢车刀时,应随时用水冷却,以防车刀过热退火,降低硬度.

9. 重新安装砂轮后,要进行检查,在试转合格后才能使用.

10. 结束后,应随手关闭砂轮机电源.

❋思考与练习

1. 车床由哪些主要部分组成?它们各有什么用途?

2. 什么是车削运动、主运动和进给运动?

3. 常用的车刀有哪几种?车刀切削部分由哪些部分组成?

4. 车刀有哪些主要角度?各有何作用?

5. 常用车刀材料有哪两大类?主要性能和用途是什么?

项目二 车削轴类零件

任务1 外圆和端面的加工

任务描述

通过本次任务的完成,掌握手动进给均匀的移动床鞍(大滑板)、中滑板和小滑板,按图样要求车削工件;掌握千分尺、游标卡尺测量工件的外圆、用钢直尺测量长度并检查平面凹凸,达到图样的精度要求;掌握调整机动进给手柄位置的方法;掌握接刀车削外圆和控制两端平行度的方法.

任务实施

手动进给车外圆和端面

一、相关工艺知识

1.45°和90°外圆车刀的安装和使用.

(1)45°外圆车刀的使用

45°车刀有两个刀尖,前端一个刀尖通常用于车削工件的外圆.左侧另一个刀尖通常用来车削平面.主、副切削刃,在需要的时候可用来左右倒角.见图2-1.

车刀安装时,左侧的刀尖必须严格对准工件的旋转中心,否则在车削平面至中心时会留有凸头或造成车刀刀尖碎裂,见图2-2.刀头伸出的长度约为刀杆厚度的1~1.5倍,伸出过长、刚性变差,车削时容易引起振动.

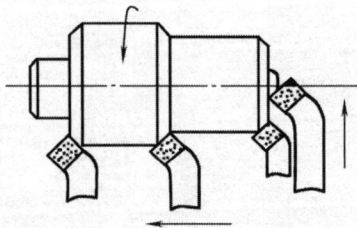

图2-1 45°车刀的使用

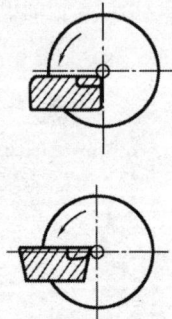

图2-2 车刀装夹应对准中心

(2)90°车刀又称偏刀,按进给方向分右偏刀和左偏刀,下面主要介绍常用的右偏刀.右偏刀一般用来车削工件的外圆、端面和右向台阶,因为它的主偏角较大,车外圆时,用于工件的半径方向上的径向切削力较小,不易将工件顶弯.

车刀安装时,应使刀尖对准工件中心,主切削刃与工件中心线垂直.如果主切削刃与工件中心线不垂直,将会导致车刀的工作角度发生变化,主要影响车刀主偏角和副偏角.

右偏刀也可以用来车削平面,但因车削使用副切削刃切削,如果由工件外缘向工件中心进给,当切削深度较大时,切削力会使车刀扎入工件,而形成凹面.为了防止产生凹面,可改由中心向外进给,用主切削刃切削,但切削深度较小.

2.工件的装夹和找正方法

(1)工件的装夹

选择毛坯平直的表面进行装夹,以确保装夹牢靠.

(2)找正方法

车外圆时一般要求不高,只要保证能车至图样尺寸,以及未加工表面余量均匀即可,如果发现工件截面呈扁形,应以直径小的相对两点为基准进行找正.

①目测法:工件夹在卡盘上使工件旋转,观察工件跳动情况,找出最高点,用重物敲击高点,再旋转工件,观察工件跳动情况,再敲击高点,直至工件找正为止.最后把工件夹紧,其基本程序如下:工件旋转——观察工件跳动,找出最高点——找正——夹紧.一般要求最高点和最低点在 1~2 mm 以内为宜.

②使用划针盘找正:车削余量较小的工件可以利用划针盘找正.方法如下:工件装夹后(不可过紧),用划针对准工件外圆并留有一定的间隙,转动卡盘使工件旋转,观察划针在工件圆周上的间隙,调整最大间隙和最小间隙,使其达到间隙均匀一致,最后将工件夹紧.此种方法一般找正精度在 0.5~0.15 mm 以内.见图 2-3(a)、(b).

③开车找正法:在刀台上装夹一个刀杆(或硬木块),工件装夹在卡盘上(不可用力夹紧),开车是工件旋转,刀杆向工件靠近,直至把工件靠正,然后夹紧.此种方法较为简单、快捷,但必须注意工件夹紧程度,不可太紧也不可太松.

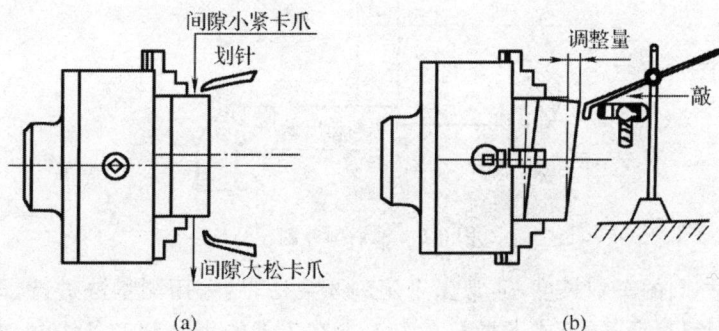

图 2-3　工件找正的方法

3.粗精车的概念

车削工件,一般分为粗车和精车.

(1)粗车　在车床动力条件允许的情况下,通常采用进刀深、进给量大、低转速的做法,以合理的时间尽快地把工件的余量去掉,因为粗车对切削表面没有严格的要求,只需留出一定的精车余量即可.由于粗车切削力较大,工件必须装夹牢靠.粗车的另一作用是:可以及时发现毛坯材料内部的缺陷,如夹渣、砂眼、裂纹等,也能消除毛坯工件内部残存的应力和防止热变形.

(2)精车　是车削的末道工序,为了使工件获得准确的尺寸和规定的表面粗糙度,操作者在精车时,通常把车刀修磨得锋利些,车床的转速高一些,进给量选得小一些.

4.用手动进给车削外圆、平面和倒角

(1)车平面的方法

开动车床使工件旋转,移动小滑板或床鞍控制进刀深度,然后锁紧床鞍,摇动中滑板丝杠进给,由工件外向中心或由工件中心向外进给车削.见图2-4(a)、(b).

(2)车外圆的方法

①移动床鞍至工件的右端,用中滑板控制进刀深度,摇动小滑板丝杠或床鞍纵向移动车削外圆,见图2-5.一次进给完毕,横向退刀,再纵向移动刀架或床鞍至工件右端,进行第二、第三次进给车削,直至符合图样要求为止.

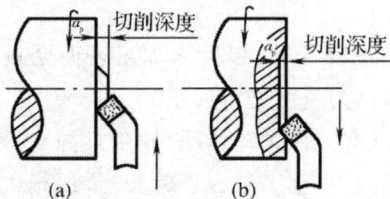

图2-4 横向移动车平面

(a)由工件外向中心切削　(b)由工件中心向外切削

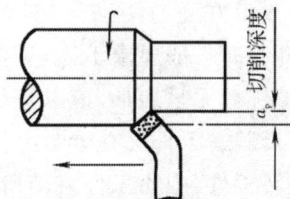

图2-5 纵向移动车外圆

②在车削外圆时,通常要进行试切削和试测量.见图2-6,其具体方法是:根据工件直径余量的1/2作横向进刀,当车刀在纵向外圆上进给2 mm左右时,纵向快速退刀,然后停车测量,注意横向不要退刀.然后停车测量,如果已经符合尺寸要求,就可以直接纵向进给进行车削,否则可按上述方法继续进行试切削和试测量,直至达到要求为止.

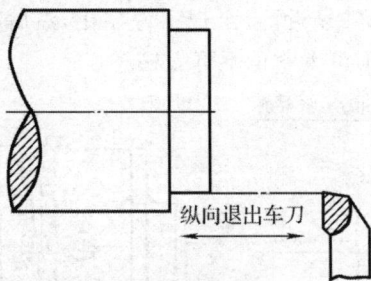

图2-6 试切削外圆

③为了确保外圆的车削长度,通常先采用刻线痕法,后采用测量法进行,即在车削前根据需要的长度,用钢直尺、样板或卡尺及车刀刀尖在工件的表面刻一条线痕,然后根据线痕进行车削.当车削完毕,再用钢直尺或其他工具复测.

(3)倒角

当平面、外圆车削完毕,然后移动刀架,使车刀的切削刃与工件的外圆成45°夹角,移动床鞍至工件的外圆和平面的相交处进行倒角,所谓1×45°是指倒角在外圆上的轴向距离为1 mm.

5.刻度盘的计算和应用

在车削工件时,为了正确和迅速地掌握进刀深度,通常利用中滑板或小滑板上的刻度盘进行操作.见图2-7(a).

中滑板的刻度盘装在横向进给的丝杠上,当摇动横向进给丝杠转一圈时,刻度盘也转了一周,这时固定在中滑板上的螺母就带动中滑板车刀移动一个导程.如果横向进给丝杠导程为 5 mm,刻度盘分 100 格,当摇动进给丝杠转动一周时,中滑板就移动 5 mm;当刻度盘转过一格时,中滑板移动量为 $5 \div 100 = 0.05$ mm.

使用刻度盘时,由于螺杆和螺母之间配合往往存在间隙,因此会产生空行程(即刻度盘转动而滑板未移动).所以使用刻度盘进给过深时,必须向相反方向退回全部空行程,然后再转到需要的格数,见图 2-7(b)、(c),而不能直接退回到需要的格数.但必须注意,中滑板刻度的刀量应是工件余量的 1/2.

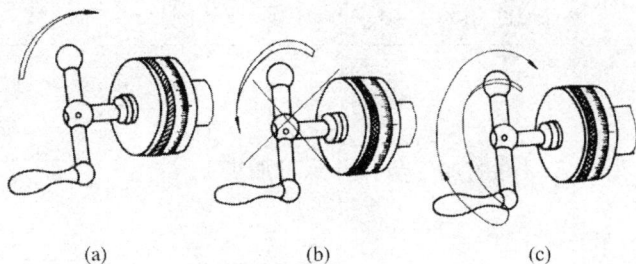

| (a) | (b) | (c) |

图 2-7 消除刻度盘空行程的方法

机动进给车削外圆和平面并调头接刀

一、相关工艺知识

机动进给与手动进给相比有很多优点,如操作力、进给均匀,加工后工件表面粗糙度小等.但机动进给是机械传动,操作者对车床手柄位置必须相当熟悉,否则在紧急情况下容易损坏工件或机床,使用机动进给的过程如下.

纵向车外圆过程如下:

启动机床工件旋转→试切削→机动进给→纵向车外圆→车至接近需要长度时停止进给→改用手动进给→车至长度尺寸→退刀→停车.

横向车平面过程如下:

启动机床工件旋转→试切削→机动进给→横向车平面→车至工件中心时停止进给→改用手动进给→车至工件中心→退刀→停车.

工件材料长度余量较少或一次装夹不能完成切削的光轴,通常采用调头装夹,再用接刀法车削,掉头接刀车削的工件,一般表面有接刀痕迹,有损表面质量和美观.但由于找正工件是车工的基本功,因此必须认真学习.

1. 接刀工件的装夹找正和车削方法

装夹接刀工件时,找正必须从严要求,否则会造成表面接刀偏差,直接影响工件质量,为保证接刀质量,通常要求车削工件的第一头时,车得长一些,调头装夹时,两点间的找正距离应大些.工件的第一头精车至最后一刀时,车刀不能直接碰到台阶,应稍离台阶处停刀,以防车刀碰到台阶后突然增加切削量,产生扎刀现象.调头精车时,车刀要锋利,最后一刀精车余量要小,否则工件上容易产生凹痕.

2. 控制两端平行度的方法

以工件先车削的一端外圆和台阶平面为基准,用划线盘找正.找正得正确与否,可在车削过程中用外径千分尺检查,如发现偏差,应从工件最薄处敲击,逐次找正.

【技能实训】

一、实训条件

实训条件见表 2-1.

表 2-1　设备、工具、材料配置

车床	工具/量具	刀具	材料
CA6140、C616	游标卡尺、外径千分尺	90°、45°车刀	ϕ90 mm×100 mm

二、实训项目

1.确定如图 2-8 所示实习件的加工步骤并练习加工.

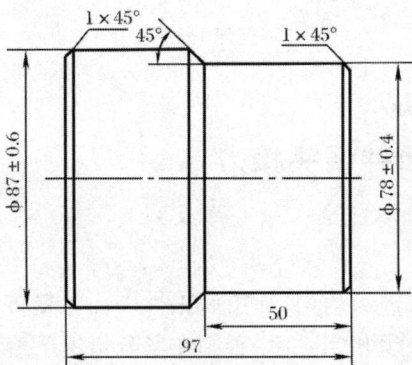

<table>
<tr><td style="text-align:center">图 2-8　试切练习</td><td style="text-align:center">图 2-9　车外圆</td></tr>
</table>

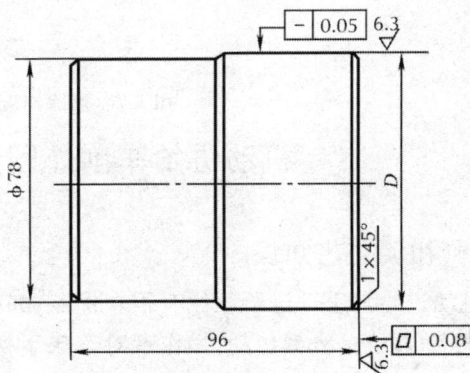

加工步骤:

①用卡盘夹住工件外圆长 20 mm 左右,找正夹紧.

②粗车平面及外圆 ϕ87 mm,长 60 mm(留精车余量).

③精车平面及外圆 ϕ87 mm±0.6 mm,长 60 mm,倒角 1×45°.

④调头夹住外圆 ϕ87 mm 一端,长 20 mm 左右,找正夹紧.

⑤粗车平面及外圆 ϕ78 mm(留精车余量).

⑥精车平面及外圆 ϕ78 mm±0.4 mm,长 50 mm,倒角 1×45°.

⑦检查卸车.

2.确定如图 2-9 所示实习件的加工步骤并练习加工.

加工步骤:

①用卡盘夹住工件 ϕ78 mm 外圆,在 20 mm 左右位置,找正夹紧.

②粗精车平面、外圆,尺寸达到要求,倒角 1×45°.

③检查卸车.

三、容易产生的问题和注意事项

1.工件平面中心留有凸头,原因是刀尖没有对准工件中心,偏高或偏低.

2.平面不平有凹凸,产生原因是进刀量过深、车刀磨损、滑板移动、刀架和车刀紧固力不足,产生扎刀或让刀.

3.车外圆产生锥度,原因有以下几种.

(1)用小滑板手动进给车外圆时,小滑板导轨与主轴轴线不平行.

(2)车速过高,在切削过程中车刀磨损.

(3)摇动中滑板进给时,没有消除空行程.

(4)车削表面痕迹粗细不一,主要是手动进给不均匀.

(5)变换转速时应先停车,否则容易打坏主轴箱内的齿轮.

(6)切削时应先开车,后进刀.切削完毕时先退刀后停车,否则车刀容易损坏.

(7)车削毛坯时,由于氧化皮较硬,要求尽可能一刀车掉,否则车刀容易磨损.

(8)用手动进给车削时,应把有关进给手柄放在空挡位置.

(9)掉头装夹工件时,最好垫铜皮,以防夹坏工件.

(10)车削前应检查滑板位置是否正确,工件装夹是否牢靠,卡盘扳手是否取下.

任务 2 台阶轴的加工

任务描述

通过本次任务的完成,掌握车削台阶工件的方法;了解中心钻的种类及作用,顶尖的种类、作用及优缺点,鸡心夹头的使用知识;掌握在两顶尖上加工轴类零件的方法;掌握一夹一顶装夹工件和车削工件的方法.

任务实施

一、相关工艺知识

在同一工件上,有几个直径大小不同的圆柱体连接在一起像台阶一样,就叫它为台阶工件,俗称台阶为"肩胛".台阶工件的车削,实际上就是外圆和平面车削的组合,故在车削时必须兼顾外圆的尺寸精度和台阶长度的要求.

1.台阶工件的技术要求

台阶工件通常与其他零件结合使用,因此它的技术要求一般有以下几点.

(1)各挡外圆之间的同轴度;

(2)外圆和台阶平面的垂直度;

(3)台阶平面的平面度;

(4)外圆和台阶平面相交处的清角.

2.车刀的选择和装夹

车削台阶工件,通常使用90°外圆偏刀.车刀装夹应根据粗车、精车和余量的多少来区别.如粗车时余量多,为了增加切削深度,减少刀尖压力,车刀装夹可取主偏角小于90°为宜(一般为85°～90°),见图2-10(a).精车时为了保证台阶平面和轴心线垂直,应取主偏角大于90°(一般为93°),见图2-10(b).

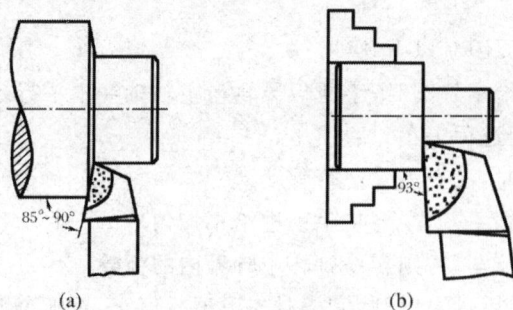

图 2-10 车刀的装夹

3. 车削台阶工件的方法

车削台阶工件,一般分粗、精车进行.粗车时的台阶长度除第一挡台阶长度略短些外(留精车余量),其余各挡可车至长度.

精车台阶工件时,通常在机动进给精车外圆至近台阶处时,以手动进给代替机动进给.当车至平面时,变纵向进给为横向进给,移动中滑板由里向外慢慢精车台阶平面,以确保台阶平面垂直轴心线.

4. 台阶长度的测量和控制方法

车削前根据台阶长度先用刀尖在工件表面刻线痕进行粗车.当粗车完毕时,台阶长度已基本符合要求.在精车外圆的同时,一起把台阶长度车准.其测量方法,通常用钢尺检查.如精度要求较高时,可用样板、游标深度尺、卡板等测量,见图 2-11.

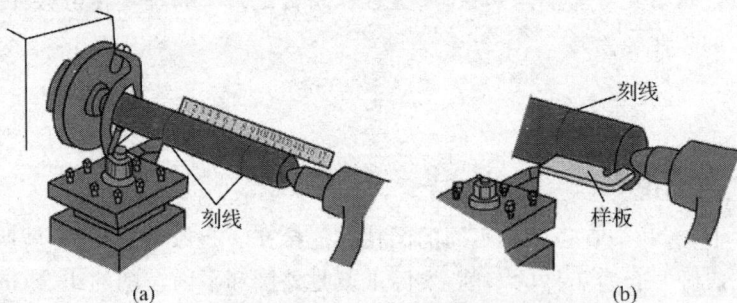

图 2-11 测量台阶长度
(a)用钢直尺定位 (b)用样板定位

5. 工件的调头找正和车削

根据习惯的找正方法,应先找正卡爪处工件外圆,后找正台阶处平面.这样反复多次找正后才能进行车削.当粗车完毕时,宜再进行一次复查,以防粗车时工件发生移位.

二、钻中心孔的种类及作用

在车削过程中,对需多次装夹才能完成的车削工件的轴类工件,一般须先在工件两端钻出中心孔,然后采用一夹一顶或两顶尖装夹,以确保工件中心准确和便于装卸.

1. 中心孔的种类

国家标准 GB/T145.2001 规定中心孔有 A 型(不带护锥)、B 型(带护锥)、C 型(带螺孔)和 R 型(带圆弧形)四种,常见的有两种,见图 2-12.中心孔的尺寸以圆柱孔直径 D 为标准.

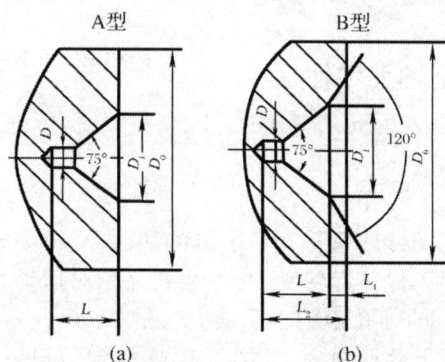

图 2-12　中心钻的种类
(a)带护锥　(b)不带护锥

2.各类中心孔的作用

A 型中心孔　一般适用于不需要多次装夹或不留中心孔的零件.

B 型中心孔　一般适用于多次装夹的零件.

C 型中心孔　一般用于当需要把其他零件轴固定在轴上时采用.

R 型中心孔　一般在轻型和高精度轴上采用.

三、中心钻

常用的中心钻有 A 型和 B 型,直径 6.3 mm 以下的中心孔常采用高速钢制成的中心钻钻出.见图 2-13(a)、(b).

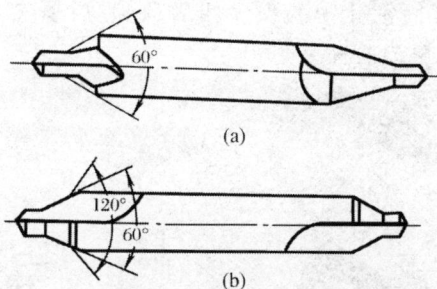

图 2-13　中心钻两种类型
(a)A 型中心钻　(b)B 型中心钻

四、中心钻的装夹和钻中心孔的方法

1.中心钻装在钻夹头上安装——逆时针方向旋转钻头的外套,使钻夹头的三个爪张开,然后将中心钻插入三个夹爪中间,用钻头钥匙顺时针方向旋转钻夹头外套,将中心钻夹紧.

2.钻夹头在尾座锥孔中安装——先擦净钻夹头柄部及尾座锥孔,用力推进尾座套筒内.

3.校正尾座中心——工件装夹在卡盘上,开动车床,移动尾座,使中心钻接近工件端面,观察中心钻钻头是否与工件旋转中心一致,并校正、夹紧.

4.转速的选择和钻削——由于中心钻直径小,钻削时应取较高的转速,进给量应小而均匀.当中心钻钻入工件后应及时加切削液润滑.钻毕时,中心钻在孔中应稍作停留,然后快速退出,以修光中心孔,使中心孔光、圆、准确.

五、用两顶尖装夹车削轴类零件

在两顶尖上车削工件的优点是定心正确可靠,装夹方便,车削各外圆之间同轴度好,因此它是车工广泛采取的方法之一.

1. 顶尖

顶尖的作用是定心,承受工件的重量和切削时的切削力.顶尖分前顶尖和后顶尖两类.

(1)前顶尖 前顶尖随同工件一起转动,与中心孔无相对运动,因而不产生摩擦.前顶尖的类型有两种,一种是插入主轴锥孔内的前顶尖,见图2-14(a).这种顶尖装夹牢靠,适宜于批量生产.另一种是装在卡盘上的前顶尖,见图2-14(b).它是用一般钢材,车一个台阶与卡爪平面贴平夹紧,一端车60°作顶尖即可.这种顶尖的优点是制造装夹方便,定心准确;缺点是顶尖硬度不够,容易磨损,车削过程中如受冲击,易发生移位,只适宜于小批量生产.

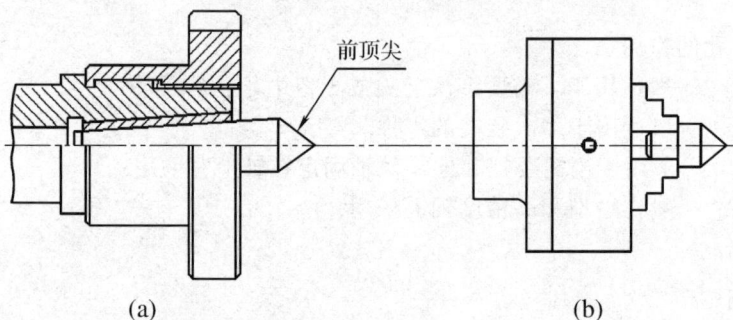

| (a) | (b) |

图 2-14　前顶尖

(2)后顶尖 插入尾座套筒锥孔中的顶尖叫后顶尖.后顶尖又分固定顶尖,见图2-15(a)、(b)和回转顶尖,见图2-15(c)两种.

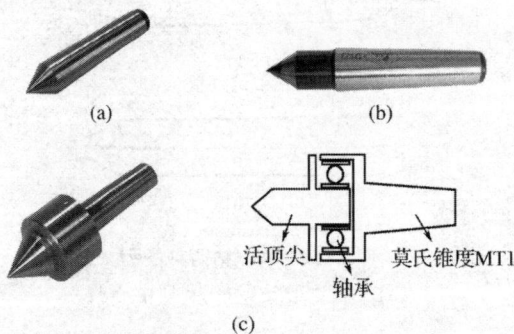

图 2-15　后顶尖

(a)普通固定顶尖　(b)硬质合金固定顶尖　(c)回转顶尖

①固定顶尖 在切削中,固定顶尖的优点是定心正确、刚性好,切削时不易产生振动.缺点是中心孔与顶尖要产生滑动摩擦,易发生高热,常会把中心孔或顶尖烧坏.一般适宜于低速精车,见图2-15(a).目前固定顶尖大都用硬质合金制作,见图2-15(b).这种顶尖在高速旋转下不易损坏,但摩擦后产生高温的情况仍然存在,会使工件发生热变形.

②回转顶尖 为了避免后顶尖与工件之间的摩擦,目前大都采用回转顶尖支顶,见图2-15(c),以回转顶尖内部的滚动摩擦代替顶尖与工件中心孔的滑动摩擦.这样既能承受高速,又可消除滑动摩擦产生的高热,是目前比较理想的顶尖.缺点是定心精度和刚性稍差.

2.工件装夹和车削

(1)后顶尖的装夹和对准中心,先擦净顶尖锥柄和尾座锥孔,然后用轴向力把顶尖装紧.接着向车头方向移动尾座,对准前顶尖中心.见图 2-16.

图 2-16　尾座与主轴对中心孔

(2)根据工件长度,调整尾座距离,并夹紧.

(3)用鸡心夹头[见图 2-17(a)]夹紧工件一端,拨杆伸向端外,见图 2-17(b).因两顶尖对工件只起定心作用,须通过鸡心夹的拨杆来带动工件旋转.

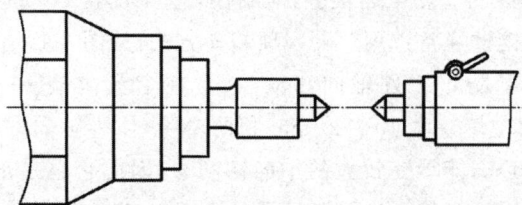

(a)

(b)

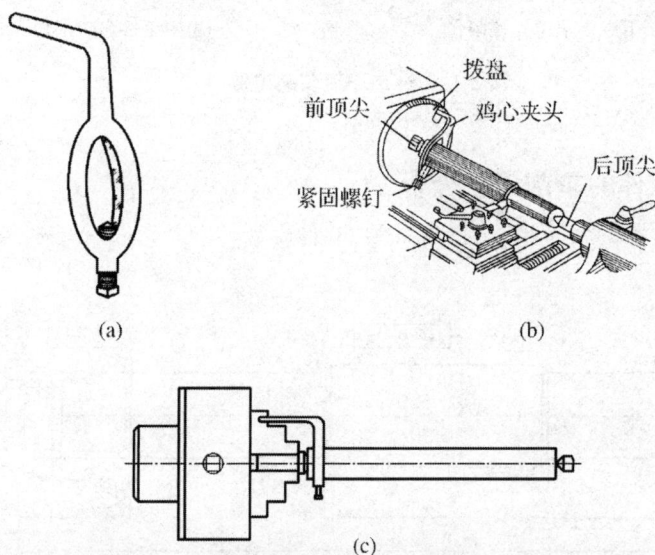

(c)

图 2-17　用鸡心夹头装夹工件

(4)粗车外圆、测量并逐步找正外圆锥度.其具体过程是:粗车外圆,测量两端工件直径来调整尾座的横向偏移量.如工件右端直径大,左端直径小,尾座应向操作者方向移动;如工件右端直径小,左端直径大,尾座的移动方向则相反.

为了节省找正工件的时间,往往先将工件中间车凹,见图 2-18(外径不能小于图样要求),然后车削两端外圆,并测量找正即可.

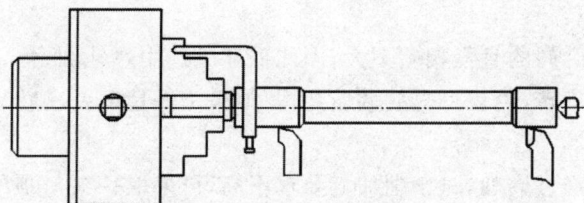

图 2-18　车两端外圆、找正尾座中心

六、一夹一顶车削轴类零件

用两顶尖车削轴类零件的优点虽然很多,但刚性较差,对粗大笨重的工件,装夹时稳定性不够,切削用量不能提高,因此通常选用一夹一顶装夹方法,见图 2-19.它的定位是一端外圆表面和另一端的中心孔.为了防止工件轴向窜动,通常在卡盘内装一个轴向限位支撑,见图 2-19(a)或在工件的被夹部位车一个 10~20 mm 长的台阶,作为轴向限位支撑,见图 2-19(b).这种装夹方法比较安全、可靠,能承受较大的轴向切削力,因此它也是车工常用的装夹方法之一.但这种方法的缺点是,对于有相互位置精度要求的工件,调头车削时,找正比较困难.

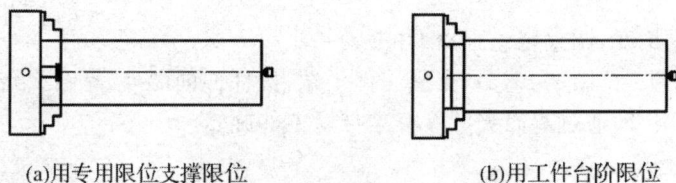

(a)用专用限位支撑限位   (b)用工件台阶限位

图 2-19　一夹一顶装夹工件

七、简单轴类工件的车削工艺分析

车削如图 2-20 所示的台阶轴.工件每批为 60 件.

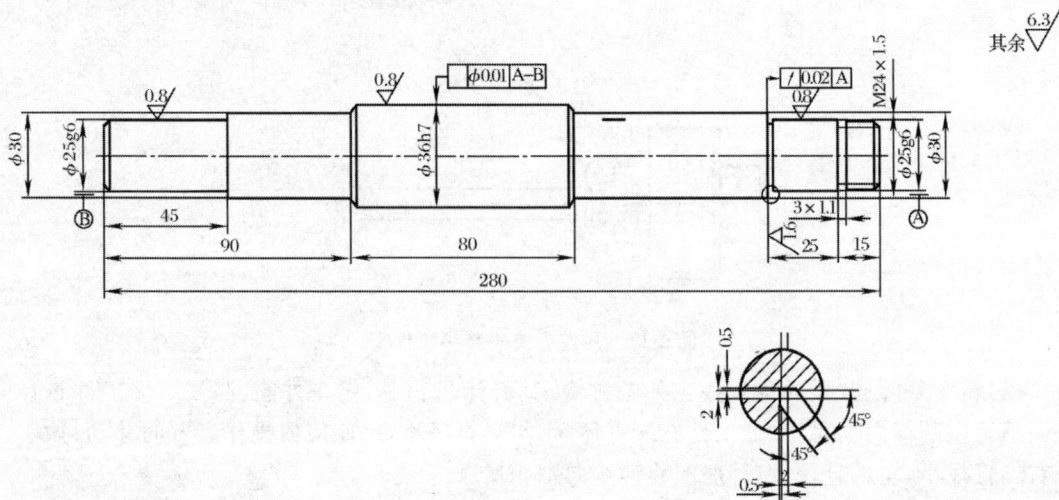

图 2-20　台阶轴

车削工艺分析如下:

(1)由于轴各台阶之间的直径相差不大,因此毛坯可选用热轧圆钢.

(2)为了减少工序周转,毛坯可直接调质处理.如果工件精度要求特别高,调质工序应安排在粗加工之后.

(3)各主要轴颈须经过磨削,对车削加工要求不高,可采取一夹一顶的装夹方法.但是必须注意毛坯两端不能先钻好中心孔,应该一端车削后,另一端搭中心架,钻中心孔.

(4)ϕ36h7 及两端 ϕ25g6 外圆的表面粗糙度要求较小,同轴度要求较高,须经过磨削.车削时必须留磨削余量.

（5）工件用一夹一顶装夹车削,装夹刚性好,轴向定位较正确,台阶长度容易控制.台阶轴机械加工工艺卡列于表 2-2.

表 2-2　台阶轴机械加工工艺卡

××厂		机械加工工艺卡	产品名称		图号			
			零件名称	台阶轴	共 2 页		第 1 页	
材料种类		热轧圆钢	材料成分	45#	毛坯尺寸		$\phi39$ mm×282 mm	
工序	工种	工步	工序内容		车间	设备	工具	
							夹具　刀具　量具	
1	热处理		调质 T250 检查					
2	车		夹住 $\phi36h7$ 毛坯外圆		1	CA6140		
		(1)	车端面				$\phi3$ mm	
		(2)	钻中心孔 $\phi3$ mm				中心钻	
3	车		调头夹住 $\phi36h7$ 毛坯外圆 车端面.取总长至 280 mm		1	CA6140		
4	车		一端夹牢.一端顶住		1	CA6140		
		(1)	车 $\phi36h7$ 外圆至 $\phi36^{+0.6}_{+0.5}$ mm×250 mm				$\phi3$ mm	
		(2)	车 $\phi30$ mm 外圆至 $\phi30$ mm×90 mm				中心钻	
		(3)	车 $\phi25g6$ 至 $\phi25^{+0.5}_{+0.4}$ mm×45 mm					
		(4)	倒角 1 mm×45°					
5	车		一端夹牢,一端搭中心架 钻中心孔 $\phi3$ mm		1	CA6140		
6	车		一端夹牢.一端顶住		1	CA6140		
		(1)	车 $\phi30$ mm×110 mm 保证 80 mm 尺寸					
		(2)	车 $\phi25g6$ 至 $\phi25^{+0.5}_{+0.4}$ mm×40 mm					
		(3)	车 M24×1.5 外圆至 $\phi24^{-0.032}_{-0.268}$ mm×15 mm					
		(4)	倒角 1 mm×45°					
7	车		一端软爪夹牢.一端顶住		1	CA6140		
		(1)	车轴肩槽 2～0.5 mm×45°至尺寸					
		(2)	车槽 3×1.1(mm)至尺寸					
		(3)	车 M24×1.5 至尺寸 检查 以下略					

【技能训练】

一、实训条件

实训条件见表 2-3.

表 2-3　设备、工具、材料配置

车床	工具/量具	刀具	材料
CA6140	游标卡尺、千分尺	90°刀、45°车刀	ϕ95 mm×85 mm、ϕ50 mm×50 mm ϕ38 mm×350 mm、ϕ38 mm×250 mm

二、实训项目

1.确定如图 2-21 所示实习件的加工步骤并练习加工.

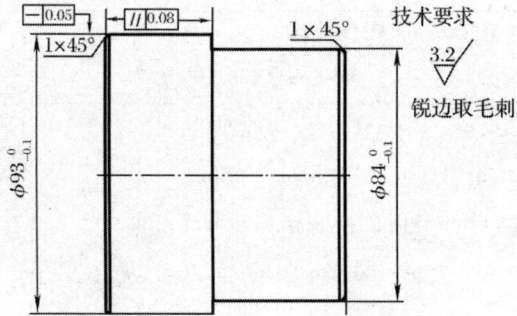

图 2-21　车台阶及找正平行度

加工步骤:

①用单动卡盘夹住外圆长 15 mm 左右,并找正夹紧.

②粗车平面及外圆 ϕ93 mm 和 ϕ84 mm,长 45 mm,留精车余量.

③精车平面及外圆 $\phi 84^{0}_{-0.1}$ mm,长 45 mm 至尺寸要求,并倒角 1×45°.

④调头垫铜皮夹住 ϕ84 mm 外圆,找正近卡爪处外圆和台阶反平面,粗、精车平面及外圆 $\phi 93^{0}_{-0.1}$ mm 至尺寸要求,并控制平行度,使总长达到要求.

⑤倒角 1×45°.

⑥检查质量合格后取下工件.

2.确定如图 2-22 所示实习件的加工步骤并练习加工.

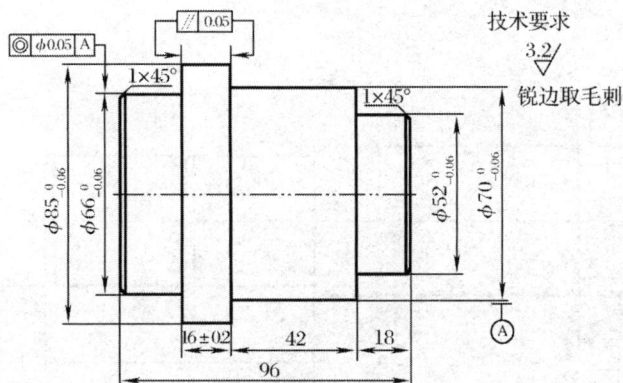

图 2-22　车双向台阶

加工步骤：

①用单动卡盘夹住外圆长 15 mm 左右，并找正夹紧.

②粗、精车平面、外圆 $\phi 52^{0}_{-0.06}$ mm，长 18 mm 和 $\phi 70^{0}_{-0.06}$ mm 长 42 mm 及 $\phi 85^{0}_{-0.06}$ mm 至尺寸要求，并倒角 $1 \times 45°$.

③调头夹住 $\phi 70$ mm 外圆长 15 mm 左右，并找正近卡爪处外圆和反平面.

④粗、精车总长至 96 mm、$\phi 66^{0}_{-0.06}$ mm 外圆，并控制台阶长 16 ± 0.2 mm 和平行度.

⑤倒角 $1 \times 45°$.

⑥检查质量合格后取下工件.

✿ 容易产生的问题和注意事项

(1)台阶平面和外圆相交处要清角，防止产生凹坑和出现小台阶.

(2)台阶平面出现凹凸，其原因可能是车刀没有从里到外横向切削或车刀装夹主偏角小于 90°，其次与刀架、车刀、滑板等发生移位有关.

(3)多台阶工件的长度测量，应从一个基面量起，以防累积误差.

(4)平面与外圆相交处出现较大圆弧，原因是刀尖圆弧处较大或刀尖磨损.

(5)使用游标卡尺测量时，卡脚应和测量面贴平，以防卡脚歪斜，产生测量误差.

(6)使用游标卡尺测量工件时，松紧程度要适当.特别是用微调螺钉使卡脚接近工件时，尤其要注意不能卡得太紧.

(7)车未停妥，不能使用游标卡尺测量工件.

(8)从工件上取下游标卡尺时，应把紧固螺钉拧紧，以防副尺移动，影响读数的正确性.

3.确定如图 2-23 所示实习件的加工步骤并练习加工.

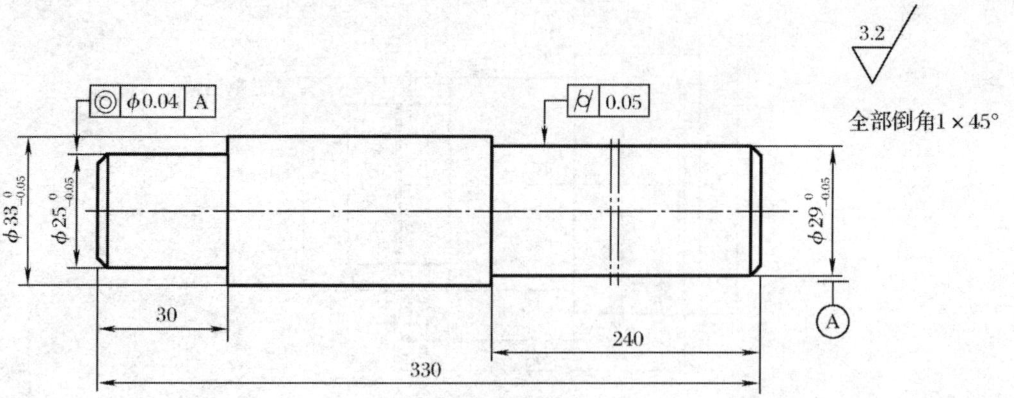

图 2-23　在两顶尖上车双向台阶轴

加工步骤:

①车两平面,使工件总长为 330 mm,钻中心孔(已完成).

②在两顶尖上装夹工件.

③粗车 ϕ29 mm,长 240 mm 及 ϕ33 mm,长 60 mm(精车余量,并把工件产生的锥度找正).

④精车 $\phi29^{0}_{-0.05}$ mm,长 240 mm 及 $\phi33^{0}_{-0.05}$ mm,长 60 mm 至尺寸要求,并倒角 1×45°.

⑤工件调头装夹,粗车 ϕ25 mm,长 30 mm(留精车余量).

⑥精车 $\phi25^{0}_{-0.05}$ mm,长 30 mm(并控制中间台阶长 60 mm),倒角 1×45°.

⑦检查质量合格后取下工件.

✲容易产生的问题和注意事项

(1)切削前,床鞍应左右移动全行程,观察床鞍有无碰撞现象.

(2)注意防止对分夹头的拨杆与卡盘平面碰撞而破坏顶尖的定心作用.

(3)防止固定顶尖支顶太紧,否则工件易发热、变形,还会烧坏顶尖和中心孔.

(4)顶尖支顶太松,工件产生轴向窜动和径向跳动,切削时易振动,会造成外圆圆度差、同轴度受影响等缺陷.

(5)随时注意前顶尖是否发生移位,以防工件不同的同轴度而造成废品.

(6)工件在顶尖上装夹时,应保持中心孔的清洁和防止碰伤.

(7)在切削过程中,要随时注意工件在两顶尖间的松紧程度,并及时加以调整.

(8)为了增加切削时的刚性,在条件许可时尾架套筒不宜伸出过长.

(9)鸡心夹头对分夹头必须牢靠地夹住工件,以防切削时移动、打滑、损坏车刀.

(10)车台阶轴时,台阶处要保持清角,不要出现小台阶和凹坑.

(11)注意安全,防止对分夹头或鸡心夹头勾衣伤人,应及时使用专用铁屑勾清除铁屑.

4.确定如图 2-24 所示实习件的加工步骤并练习加工.

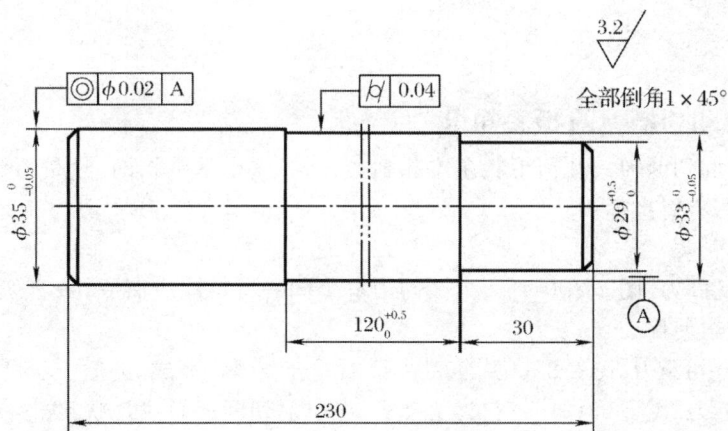

图 2-24　一夹一顶车多台阶轴

加工步骤：

①一端用三爪自定心卡盘夹住外圆长 6 mm 左右,另一端中心孔用顶尖支顶.

②粗车外圆 ϕ29 mm,长 30 mm 和 ϕ33 mm,长 120 mm 及 ϕ35 mm,长 80 mm(留精车余量,并把产生的锥度找正).

③精车外圆至尺寸要求(ϕ29$^{0}_{-0.05}$ mm,长 30 mm 和 ϕ33$^{0}_{-0.05}$ mm,长 120 mm 以及 ϕ35$^{0}_{-0.05}$ mm,长 80 mm),并倒角 1×45°.

④调头夹住 ϕ35$^{0}_{-0.05}$ mm 的外圆,车准总长 230 mm,并倒角 1×45°.

⑤检查质量合格后取下工件.

✿容易产生的问题和注意事项

(1)一夹一顶车削,最好要求用轴向限位支撑,否则在轴向切削力的作用下,工件易产生轴向移位.如果不采用轴向限位支撑,就要求加工者随时注意后顶尖的支顶紧、松情况,并及时给予调整,以防发生事故.

(2)顶尖支顶不能过松,否则工件产生跳动、外圆变形;过紧,易产生摩擦热,烧坏固定顶尖和中心孔.

(3)不准用手拉铁屑,以防割破手指.

(4)粗车多台阶工件时,台阶长度余量一般只需留右端第一挡.

(5)台阶处应保持垂直、清角,并防止产生凹坑和小台阶.

(6)注意工件锥度的方向性.

任务3　车沟槽和切断

任务描述

通过本次任务的完成,了解切断刀和切槽刀的组成部分和几何角度,掌握直进法和左右借刀法切断工件.对于不同材料的工件,能选用不同角度的车刀进行切断并要求切割面平整光洁.掌握矩形槽和圆弧槽的车削方法和测量方法.

任务实施

一、切断刀和切槽刀的相关知识

矩形切槽刀和切断刀的几何形状基本相似,刃磨方法也基本相同,只是刀头部分的宽度和长度有所区别,有时也通用.

1. 切断刀的种类

(1)高速钢切断刀[图 2-25(a)] 刀头与刀杆是同一材料锻造而成,每当切断刀损坏后,可以经过锻打后再使用.

(2)硬质合金切断刀[图 2-25(b)] 刀头用硬质合金焊接而成,它适宜于高速切削.

(3)弹性切断刀[图 2-25(c)] 它为了节省高速钢,切断刀做成片状,再装夹在弹簧刀杆内.这种切断刀,既节省材料,又富有弹性,当进刀过多时,刀头在弹性刀杆的作用下会自动产生让刀,这样就不容易产生扎刀而折断刀头.

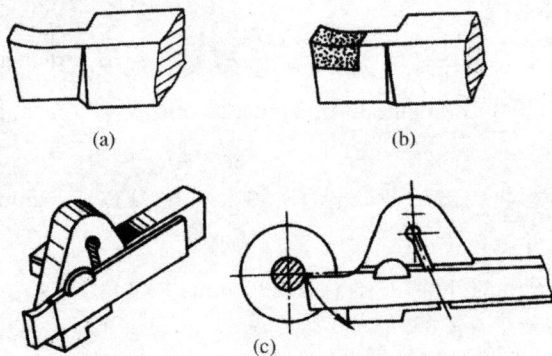

图 2-25　切断刀

(a)高速钢切断刀　(b)硬质合金切断刀　(c)弹性切断刀

2. 切断刀和切槽刀的几何角度(图 2-26)

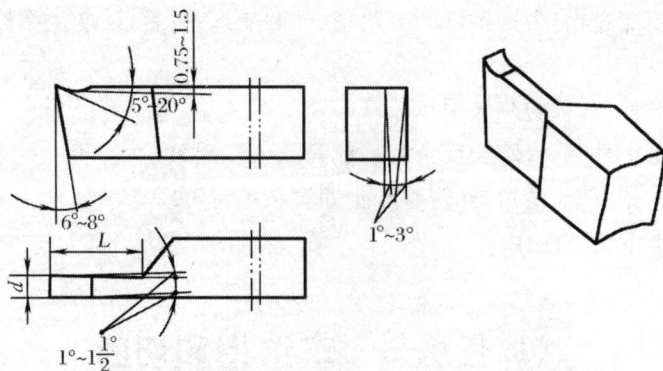

图 2-26　高速钢切断刀

前角　　　切断中碳钢　　　$\gamma_0 = 20° \sim 30°$　　　切断铸铁　$\gamma_0 = 0° \sim 10°$

主后角　　$\alpha_0 = 6° \sim 8°$

主偏角　　切断刀以横向进给为主　$k = 90°$

副偏角　　$k' = 1° \sim 1.3°$

副后角　$\alpha_0' = 1° \sim 3°$

刀头宽度　刀头不能磨得太宽,否则不但浪费工件材料,而且会使刀具强度降低引起折断.

刀头宽度与工件直径有关,一般按经验公式计算:

$$a = (0.5 \sim 0.6)\sqrt{D} \qquad\qquad (公式\ 2\text{-}1)$$

a——刀头宽度,mm

D——工件直径,mm

刀头长度　刀头长度 L 不宜过长,否则易引起振动和刀头折断,刀头长度 L 可按下式计算:

$$L = H + (2 \sim 3)D \qquad\qquad (公式\ 2\text{-}2)$$

L——刀头长度,mm

H——切入深度,mm　切断实心工件时,切入深度等于工件的半径

　　　　　　　　　　　　切断空心工件时,切入深度等于工件的壁厚

二、切断

在车床上把较长的工件切断成短料或将车削完成的工件从原材料上切下这种加工方法叫切断.

1.切断刀的安装(图 2-27)

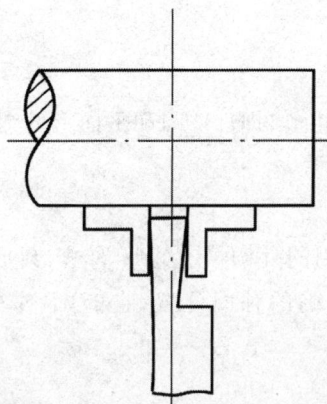

图 2-27　用 90°角尺检查切断刀副偏角

切断刀装夹是否正确对切断工件能否顺利进行有直接的关系,所以切断刀的安装要求严格.

(1)切断实心工件时切断刀的主刀刃必须严格对准工件中心,刀头中心线与轴线垂直.

(2)为了增加切断刀的强度,刀杆不易伸出过长以防震动.

2.切断

(1)用直进法切断工件:图 2-28(a)　所谓直进法是指垂直于工件轴线方向切断,这种切断方法切断效率高,但对车床刀具刃磨装夹有较高的要求,装夹不当容易造成切断刀的折断.

(2)左右借刀法切断工件:图 2-28(b)　在切削系统(刀具、工件、车床)刚性等不足的情况下可采用左右借刀法切断工件,这种方法是指切断刀在径向进给的同时,车刀在轴线方向

反复地往返移动直至工件切断.

(3)反切法切断工件:图2-28(c) 反切法是指工件反转车刀反装,这种切断方法宜用于较大直径工件.

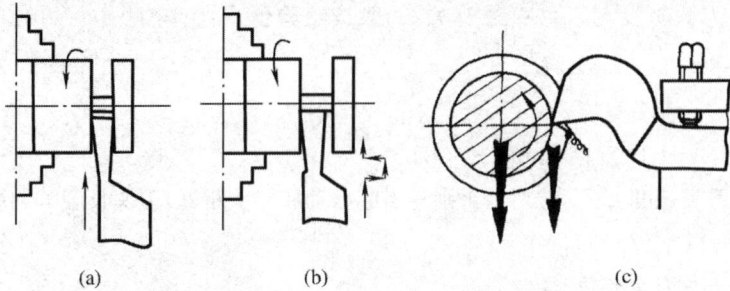

图 2-28 切断工件三种方向
(a)直进法 (b)左右借刀法 (c)反切法

反转切断时作用在工件上的切削力与主轴重力方向一致向下,因此主轴不容易产生上下跳动,所以切断工件比较平稳.切削从下面流出不会堵塞在切削槽中,因此能比较顺利地切削.

但必须指出在采用反切法时卡盘与主轴的连接部分必须有保险装置,否则卡盘会因倒车而脱离主轴产生事故.

三、车矩形槽

在工件上车各种形状的槽子叫车沟槽.外圆和平面上的沟槽叫外沟槽,内孔的沟槽叫内沟槽.

1.沟槽的种类和作用

沟槽的形状和种类较多,常用的外沟槽有矩形沟槽、圆形沟槽、梯形沟槽等.矩形槽的作用通常是使所装配的零件有正确的轴向位置,在磨削、车螺纹、插齿等加工过程中便于退刀.

2.车槽刀的安装

车槽刀的装夹是否正确,对车槽的质量有直接的影响.如矩形车槽刀的装夹,要求垂直于工件轴线,否则车出的槽壁不会平直.

3.车槽方法

(1)车精度不高的和宽度较窄的矩形沟槽,可以用刀宽等于槽宽的车槽刀,采用直进法一次进给车出.

(2)车精度较高的宽度较窄的矩形槽,一般采用两次进给车成,即第一次用刀宽窄于槽宽的槽刀粗车,两侧槽壁及槽底留精车余量,第二次进给时用等宽刀修整.

(3)车较宽的沟槽,可以采用多次直进法车削.

①画线确定沟槽的轴向位置.

②粗车成型,在两侧槽壁及槽底留0.1～0.3 mm的精车余量.

③精车基准槽壁精确定位.

④精车第二槽壁,通过试切削保证槽宽.

⑤精车槽底保证槽底直径.

4.沟槽的测量

精度要求低的沟槽,一般采用钢直尺和卡钳测量.

精度较高的沟槽,底径可用千分尺,槽宽可用样板、游标卡尺、塞规等检查测量.

【技能训练】

一、实训条件

实训条件见表 2-4.

表 2-4　设备、工具、材料配置

砂轮机	车床	工具/量具	刀具	材料
BG～800	CA6140、C616	游标卡尺	90°刀、45°车刀、4 mm 切断刀	ϕ20 mm 的 45$^{\#}$圆钢 ϕ55 mm×300 mm

二、实训项目

1.确定如图 2-29 所示切断刀的刃磨步骤并练习刃磨.

(1)切断刀刃磨的方法

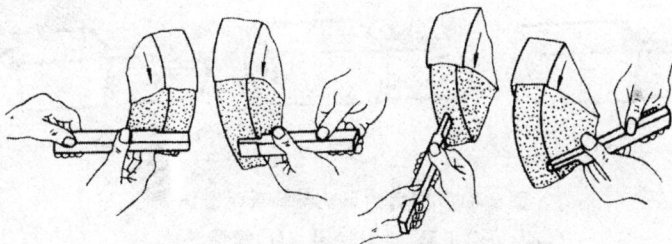

图 2-29　切断刀的刃磨方法和步骤

①粗磨成形

a.两手握刀,前刀面向上.按 $L×a$ 首先刃磨右侧副后面使刀头靠左,成长方形.

b.粗磨左右副偏角和副后角,粗磨主后角.

②精磨

a.首先精磨左副后刀面,连接刀尖与圆弧相切,刀体顺时针旋转 1°～2°,刀体水平旋转 1°～3°,刀尖微翘 3°左右,同时磨出副后角和副偏角.刀侧与砂轮的接触点应放在砂轮的边缘处.

b.精磨右侧副后角和副偏角.

c.修磨主后刀面和后角 6°～8°.

d.修磨前刀面和前角 5°～20°.

e.修磨刀尖圆弧.

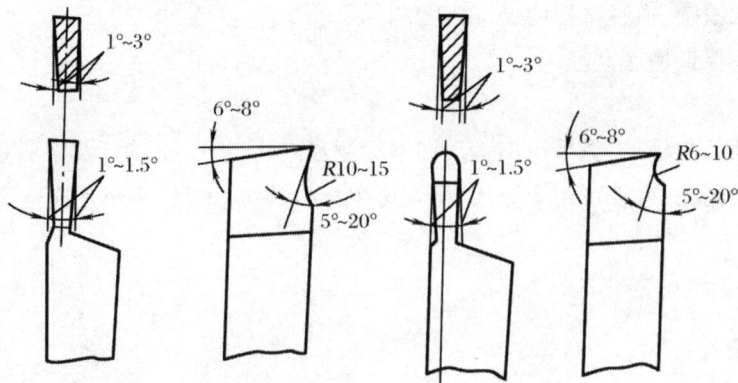

图 2-30　切断刀的刃磨练习

（2）切断刀刃磨的步骤

①粗磨主后刀面、左、右副后刀面，使刀头基本成型.

②精磨主后刀面、左、右副后刀面，形成主后角和两侧副偏角.

③精磨前刀面及前角.

④修磨刀尖.

✱刀具刃磨注意事项

（1）卷屑槽不宜过深，一般 0.75～1.5 mm，见图 2-31（a）.卷屑槽太深，前角过大，宜扎刀，前角过大，楔角减小，刀头散热面积减小，使刀尖强度降低，刀具寿命降低，见图 2-31（b）.

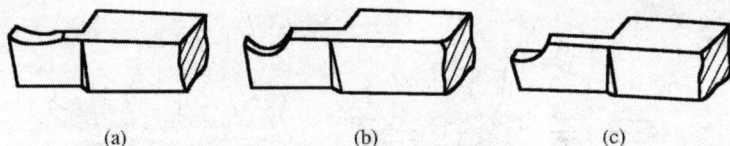

图 2-31　前角的正确与错误示意图
(a)正确　(b)错误　(c)错误

（2）防止磨成台阶形，见图 2-31（c）.　切削时切屑流出不顺利，排屑困难，切削力增加，刀具强度相对降低，易折断.

（3）两侧副后角对称相等，见图 2-32（a）.如两副偏角不同，一侧为负值与工件已加工表面摩擦，造成两切削刃切削力不均衡，使刀头受到一个扭力而折断，见图 2-32（b）.两侧副后角的角度太大，刀头强度变差，切削时容易折断，图 2-32（c）.

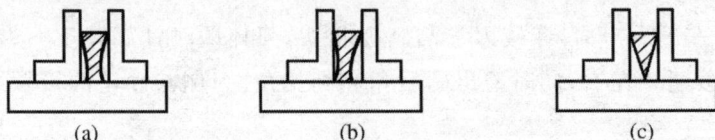

图 2-32　用 90°角尺检查切断刀副后角
(a)正确　(b)错误　(c)错误

（4）两侧副偏角要对称相等平直、前宽后窄.如图 2-33 是切断刀副偏角的几种错误磨法.

车工工艺及实训

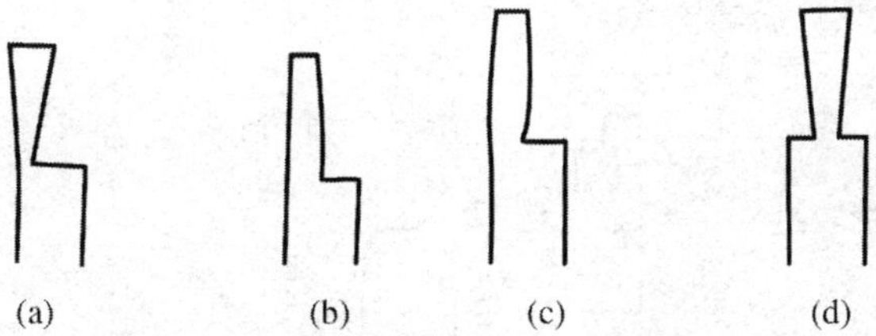

图 2-33　切断刀副偏角的几种错误磨法

(5)高速钢车刀要随时冷却以防退火.

(6)硬质合金车刀,刃磨时不能用力过猛以防脱焊.

(7)刃磨副刀刃时,刀侧与砂轮接触点应放在砂轮的边缘处.

2. 确定如图 2-34 所示实习件的加工步骤并练习加工.

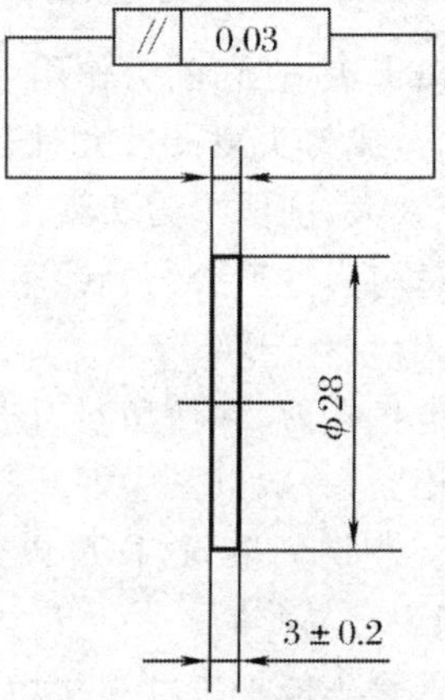

图 2-34　切割薄片

加工步骤:

①夹住外圆车 ϕ28 mm 至尺寸要求.

②切割厚 3 mm.

✽容易产生的问题和注意事项

(1)被切工件的平面产生凹凸,其原因有下面几点.

①切断刀两侧的刀尖刃磨或磨损不一致造成让刀,因而使工件平面产生凹凸.

②窄切断刀的主刀刃与工件轴心线有较大的夹角,左侧刀尖有磨损现象,进给时在侧向切削力的作用下刀头易产生偏斜,势必产生工件平面内凹.

③主轴轴向窜动.

④车刀安装歪斜或副刀刃没磨直.

(2)切断时产生震动,其原因有下面几点.

①主轴和轴承之间间隙过大.

②切断的棒料过大,在离心力的作用下产生震动.

③切断刀远离支撑点.

④工件细长,切断刀刃口太宽.

⑤切断时转速过高,进给量过小.

⑥切断刀伸出过长.

(3)切断刀折断的原因(如图 2-35)

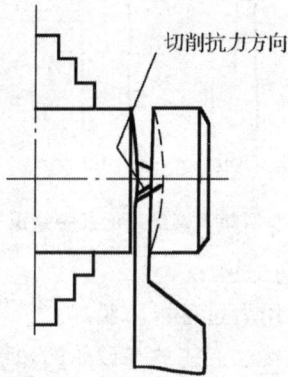

图 2-35　主刀刃歪斜、左侧刀尖磨损对工件平面的影响

①工件装夹不牢靠,切割点远离卡盘,在切削力作用下工件抬起造成刀头折断.

②切断时排屑不良,铁屑堵塞,造成刀头载荷过大时刀头折断.

③切断刀的副偏角副后角磨损太大,削弱了刀头强度使刀头折断.

④切断刀装夹与工件轴心线不垂直,主刀刃与轴线不等高.

⑤进给量过大,切断刀前角过大.

⑥床鞍中小滑板松动,切削时产生扎刀,致使切断刀折断.

(4)切割前应调整中小滑板的松紧,一般以紧为好.

(5)用高速钢刀切断工件时应浇注切削液,这样可以延长切断刀的使用寿命;用硬质合金切断工件时,中途不准停车,否则刀刃易碎裂.

(6)一夹一顶或两顶尖安装工件是不能把工件直接切断的,这是为了防止切断时工件飞出伤人.

(7)用左右借刀法切断工件时,借刀速度应均匀,借刀距离要一致.

3.确定如图 2-36 所示实习件的加工步骤并练习加工.

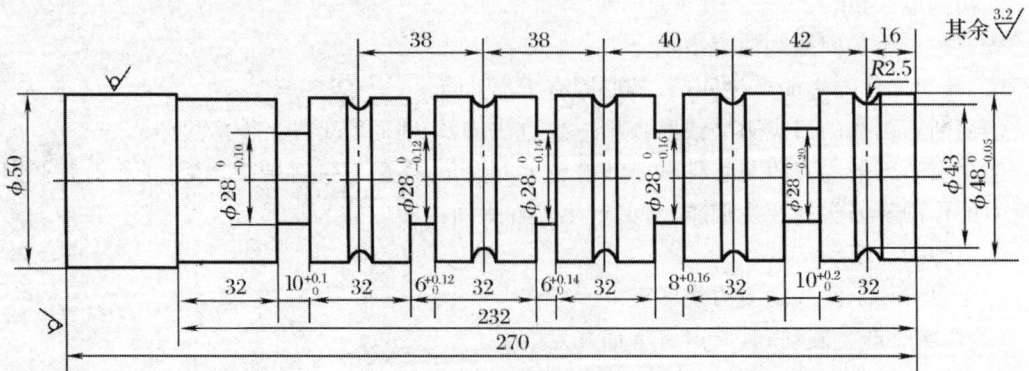

图 2-36　车矩形槽及圆弧形槽

加工步骤:

①车平面、钻中心孔.

②一端用自定心卡盘夹住毛坯外圆长 100 mm,另一端用顶尖支撑.

③粗车外圆 φ48 mm,长 232 mm(留精车余量并把产生的锥度找正).

④精车外圆 φ48 mm,长 232 mm 至尺寸要求.

⑤从右至左,精车各条矩形沟槽至尺寸要求.

⑥车圆弧沟槽 5 条.

⑦检查质量合格后取下工件.

❋容易产生的问题和注意事项

(1)防止车槽刀主刀刃和轴心线不平行,车出沟槽一侧直径大另一侧直径小的竹节形.

(2)要防止槽底与槽壁相交处出现圆角和槽底中间尺寸小、靠近槽壁两侧尺寸大.

(3)槽壁与中心线垂直,出现内槽狭窄外口大的喇叭形,造成这种现象的主要原因是:

①刀刃磨钝让刀;

②车刀刃磨角度不正确;

③车刀装夹不垂直.

(4)槽壁与槽底产生小台阶的主要原因是接刀不正确.

(5)用接刀法车沟槽时,注意各条槽距.

(6)要正确使用游标卡尺、样板、塞规测量沟槽.

(7)合理选用转速和进给量.

(8)正确使用切削液.

❋思考与练习

一、填空.

1.45°外圆车刀可以车削工件的_____、_____、_____.

2.刃磨高速钢车刀时,应使用_____砂轮,刃磨硬质合金车刀时,应使用_____砂轮.

3.车刀的六个基本角度有_____、_____、_____、_____、_____、_____.

4._____与_____相交的部位构成主切削刃.

5.刃磨车刀的主后面,同时磨出的角度有_____和_____.

6.工件夹紧时的伸长部分不宜_____,一般为加工长度再加上_____ mm.

7.W18Cr4V 材料的车刀是_____车刀,YT15 是_____车刀,YT15 可在_____情况下车削.

8.工件平面中心没有凸头,这说明刀尖_____.

9.负值刃倾角可_____刀头强度.

10.粗车刀的主偏角选得太大,切削时容易产生_____.

11.安装车刀时,车刀在刀架上的伸出量一般不应超过_____的1.5倍.

12.车毛坯件时,第一刀的切削深度应当选_____些.

13.粗车外圆时,车刀的后角一般为_____;精车外圆时,车刀的后角一般为_____.

二、判断.

1.用90°车刀车削台阶轴时,如果平面与外圆相交处出现较大圆弧,原因是刀尖圆弧较大或刀尖磨损.( )

2.在车削外圆时,通常要进行试切削和试测量.( )

3. 钻中心孔时,不宜选择较高的机床转速.(　　)

4. 主偏角等于 90° 的车刀一般称为偏刀.(　　)

三、选择.

1. 粗车刀必须适应(　　).

　A. 切削深度小　　　　　　B. 进给量小　　　　　C. 切削深度大　　　　D. 切削速度高

2. 要求粗车刀有足够的(　　).

　A. 脆性　　　　　　　　　B. 塑性　　　　　　　C. 抗蚀性　　　　　　D. 强度

3. 副切削刃是由(　　)的相交部位构成的.

　A. 前刀面与主后刀面　　　B. 前刀面与副后刀面　　　　　　　　C. 主后刀面与副后刀面

4. 工件平面中心留有凸头的原因是刀尖(　　).

　A. 偏高　　　　　　　　　B. 偏低　　　　　　　C. 合适

四、简述.

1. 车削轴类工件常用的有哪几种车刀?各适用于什么场合?

2. 试述车削一个台阶轴的步骤.

项目三 车削套类零件

任务1 钻孔与扩孔和铰孔

任务描述

通过本次任务的完成,认识中心钻、麻花钻、扩孔钻和铰刀的结构,掌握钻、扩、铰孔的加工方法.

任务实施

在机器中因为支撑和配合的需要,许多零件都带有圆柱孔.齿轮和皮带轮跟轴配合的孔、液压控制系统中的各种滑阀孔、紧固用孔都是圆柱孔,一些减轻重量的孔也都做成圆柱孔,例如在实际生产生活中的液压缸体、轴承套等等.

圆柱孔的加工方法包括钻孔、扩孔、车孔、铰孔等,相应的刀具分别为麻花钻、扩孔钻、车刀和铰刀.它们加工的孔尺寸精度和表面质量不同,工作效率也不相同.所以我们就应该根据不同要求的孔,来选择不同的加工方法和加工工艺,选择不同的加工刀具.

一、钻孔

用钻头在实体材料上加工孔的方法称为钻孔.根据形状和用途的不同,钻头可分为中心钻、麻花钻、锪钻和深孔钻.

1.麻花钻的组成

麻花钻由柄部、颈部、工作部分组成.如图 3-1.

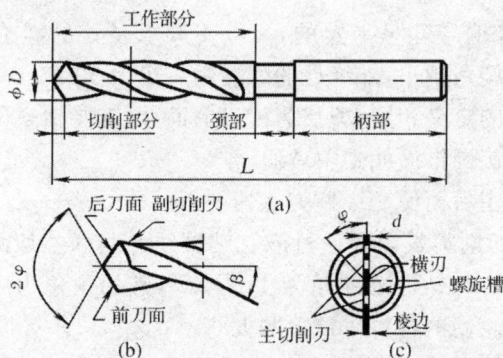

图 3-1 麻花钻的组成部分

(a)直柄麻花钻 (b)锥柄麻花钻 (c)硬质合金麻花钻

柄部:麻花钻有直柄和莫氏锥柄两种.在钻削时起夹持定心和传递转矩的作用.

颈部:位于工作部分和柄部之间.直径较大的麻花钻在颈部标有麻花钻的直径、材料牌号和商标;直径小的麻花钻没有明显的颈部.

工作部分:由切削部分和导向部分组成.切削部分主要起切削作用;导向部分在钻削的过程中起到保持钻削方向、修光孔壁的作用,同时也是切削的后备部分.为了节约材料,较大直径的麻花钻的柄部材料为普通碳素钢.

2.麻花钻工作部分的几何形状

如图 3-2,麻花钻的几何角度概念与车刀基本相同,但也有其特殊性.

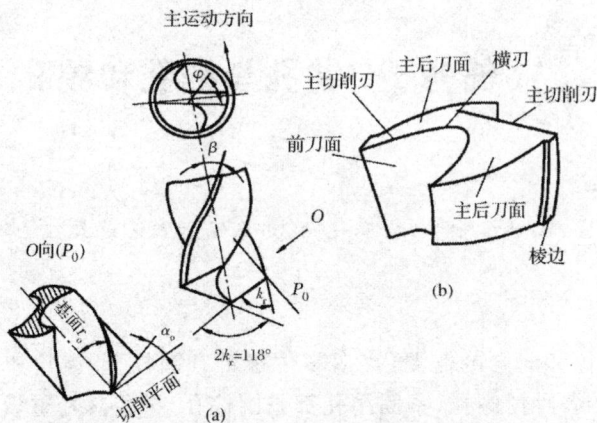

图 3-2 麻花钻的几何形状
(a)麻花钻的角度   (b)外形图

①螺旋槽:麻花钻的工作部分有两条螺旋槽,其作用是构成切削刃、排出切屑和流通切削液.

螺旋角(ω):螺旋槽上最外缘的螺旋线展开成直线后跟轴线之间的夹角.

$$\mathrm{tg}\,\omega = \frac{\pi D}{L}$$ (公式 3-1)

式中:ω——外缘处螺旋角;

L——螺旋槽导程,mm;

D——钻头直径,mm;

由于同一钻头的螺旋槽导程是一定的,所以不同直径处的螺旋角是不同的.由上式可知:钻头越近中心处的螺旋角越小,外缘处的螺旋角一般为30°.

②前面:与车刀前面的定义相同,即切屑流过的面,对麻花钻来说螺旋槽面就是前面.

③主后面:麻花钻螺旋圆锥面就是主后面.

④主切削刃:前面和主后面的交线称为主切削刃.

⑤顶角 $2k_r$:将两主切削刃投影在通过麻花钻轴线并与两主切削刃平行的平面上,两投影线的夹角就称为顶角.麻花钻标准顶角为 118°±2°,常用顶角为 100°~140°.钻削较软的材料时顶角取小些,钻削较硬的材料时顶角取大些.

⑥前角 γ_o:前面与基面的夹角.前角的变化范围是—30°~30°,如图 3-3.

⑦后角 α_o:切削平面与后面间的夹角,如图 3-3.

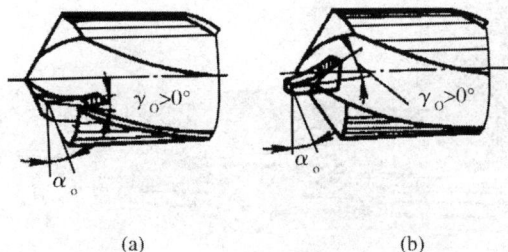

(a)　　　　　　　　(b)

图 3-3　麻花钻前角和后角的变化

⑧横刃:麻花钻两主切削刃的连接线,也就是两主后面的交线.横刃的作用就是钻削钻心处,也就是定心的作用.横刃太长会使轴向的进给力增大,不利于切削,太短会影响钻尖的强度.

⑨横刃斜角 φ:在垂直于麻花钻轴线的端面投影图中横刃与主切削刃之间的夹角,见图3-2.它的大小由后角决定,后角大时,横刃斜角减小,横刃变长;后角小时,情况相反.横刃斜角一般为 55°.

⑩棱边:在麻花钻的导向部分特意制造出来的带倒锥形的刃带,见图3-2,它减少了钻削时麻花钻与孔壁之间的摩擦.

3. 麻花钻的刃磨

麻花钻的刃磨质量直接关系到钻孔的质量和钻削效率,因此我们必须十分重视钻头的刃磨.麻花钻刃磨后必须达到两个要求,即麻花钻的两主切削刃应对称,也就是两主切削刃跟钻头轴线成相等的角度,而且长度相等;横刃斜角为 55°.刃磨不正确的麻花钻对钻孔的质量有很大的影响,麻花钻的刃磨方法具体见图3-4.

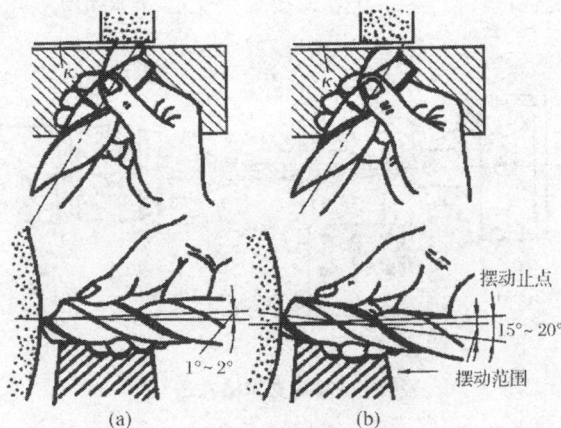

(a)　　　　　　　　(b)

图 3-4　麻花钻的刃磨

4. 麻花钻的装夹

直柄麻花钻可用钻夹头装夹,再利用钻夹头的锥柄插入车床尾座套筒内,锥柄麻花钻可直接插入车床尾座套筒内(如图3-5).也可以把钻头装夹在车床刀架上(如图3-6),这种方法可以手动也可以自动进给.

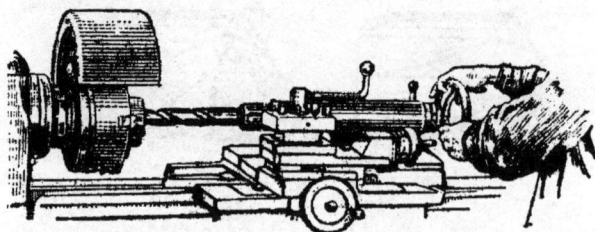

图 3-5　钻头装入尾座套筒内

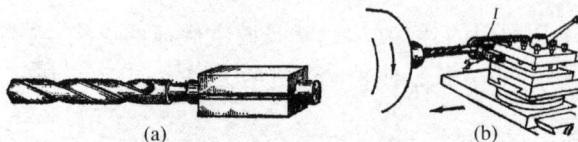

(a)　　　　　　　　　　(b)

图 3-6　钻头在刀架上的安装

5. 钻孔方法

钻孔时,必须注意以下几点.

①在钻孔前,先把工件端面车平,中心处不要留有凸头,否则很容易使钻头歪斜,影响定心精度.

②钻头装入尾座套筒后,必须校正钻头轴线跟工件回转轴线重合,以防孔径扩大和钻头折断.

③把工件引向工件端面时,不可用力过大,以防损坏工件和折断钻头.

④用较长钻头钻孔时,为了防止钻头跳动,可以在刀架上装一铜棒,支撑钻头头部,让它对准工件的回转中心.然后,缓慢进给,当钻头在工件上已准确定心,并钻有一定深度后,把铜棒退出.见图 3-7.

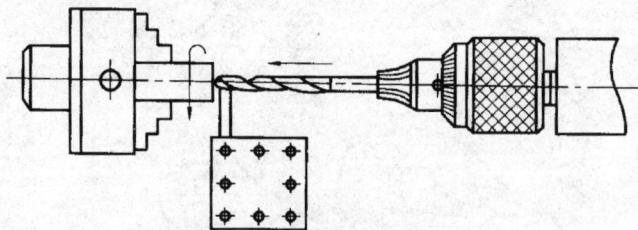

图 3-7　铜棒支撑钻孔法

⑤钻较深孔时切屑不易排出,必须经常退出钻头,并浇注大量的切屑液,以利于排屑和冷却.

⑥当孔将要钻通时,钻头横刃不再参加工作,阻力大大减小,这时,进给量必须减小.

⑦对于直径或者定心精度要求较高的孔,可以先用中心钻定心,再用麻花钻钻孔.

⑧钻盲孔时要控制钻孔的深度尺寸.具体做法为:当钻尖刚开始切入工件端面时,记下尾座套筒上的标尺读数,或用钢尺测量出套筒伸出的长度尺寸,见图 3-8.

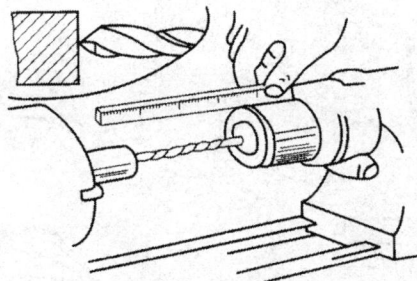

图 3-8　钻盲孔

6.钻孔时的切削用量和冷却液的选用

①背吃刀量 a_p

钻孔时的背吃刀量为麻花钻的半径,即 $a_p = \dfrac{d}{2}$mm,其中 d 为麻花钻直径.

②切削速度 v_c

钻孔时的切削速度可按下式计算:$v_c = \dfrac{\pi d n}{1\,000}$ m/min,其中 d 表示麻花钻直径,单位:mm,n 表示车床主轴转速,单位:r/min. 由以上可以看出,相同条件下,麻花钻直径越小,转速越高.用高速钢麻花钻钻钢料时,切削速度一般取 15～30 m/min,;钻铸铁时,速度稍低些,取 10～25 m/min;钻铝合金时,速度较高,取 75～90 m/min.

③进给量 f

在车床上钻孔时进给量是用手转动车床手轮来实现的.使用直径较小的麻花钻钻孔时,进给量太大易使钻头折断.用直径为 12～15 mm 的麻花钻钻钢料时,进给量选 0.15～0.35 mm/r.钻铸铁时进给量可大些.

④钻孔时切削液的选用

钻钢料时,必须加充分的切削液;钻铸铁时,一般不加;钻铝时,可以加煤油;钻黄铜、青铜时,可加乳化液,也可不加;钻镁合金时一定不加切削液.在加工过程中,因为加工孔的位置是横向的,切削液很难深入到切削区域,所以切削液的浇注量和压力都应该大些,同时还应经常退出钻头,以利于排屑和冷却.

二、扩孔和锪孔

1.扩孔的知识概述

用扩孔工具扩大孔径的方法称为扩孔.当孔径较大($D > 30$ mm)时才会用到扩孔.扩孔的精度一般可达 IT9～IT10,表面粗糙度达 $Ra6.3$ μm 左右.常用的扩孔刀具有麻花钻和扩孔钻.孔精度要求低的可用麻花钻,要求较高的半精加工用扩孔钻.

图 3-9 扩孔钻

(a)扩孔钻外形图(b)扩孔钻

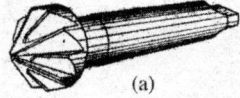

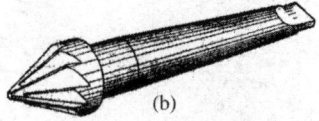

图 3-10 圆锥形锪钻

(a)120°锪钻(b)60°锪钻

2.锪孔

车削中常用圆锥形锪钻锪锥形沉孔,圆锥形锪钻有 60°、90°、120°等几种.

3.铰孔

铰孔是精加工孔的一种常用方法,它操作简单,效率高,在批量生产中已广泛应用.由于铰刀尺寸精度高、刚性好,所以特别适合加工直径较小、长度较长的通孔.铰孔的精度可达到 IT7~IT9,表面粗糙度可达 $Ra0.4~\mu m$.

(1)铰刀

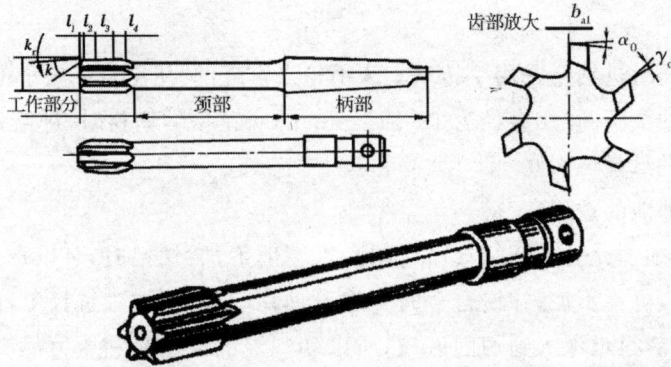

图 3-11 铰刀的几何形状

铰刀由工作部分、柄部和颈部组成.

工作部分由引导部分 l_1、切削部分 l_2、修光部分 l_3 和倒锥部分 l_4 组成.引导部分的作用是引导铰刀头部进入孔内;切削部分担任主要切削工作,切除微量的金属;修光部分上有棱边,起定向、修光孔壁的作用.铰刀的柄部有圆柱形、圆锥形和方榫形,有装夹和传递扭矩的作用.通常情况下,机用铰刀的柄部是圆柱形、圆锥形,手用铰刀的柄部是方榫形.

铰刀的齿数一般为 4~8 齿,且多采用偶数齿.铰刀最容易磨损的部分是切削部分和修光部分的过渡处,且此部位直接影响工件的表面粗糙度,因而该处不能有尖棱,要磨得每个齿都等高.

(2)铰刀的安装

铰刀的直径要符合被加工工件孔径尺寸的要求,铰刀的精度等级要和被铰孔的精度等级相符.装夹铰刀时,小于 $\phi12$ mm 的铰刀用钻夹头装夹,再把钻夹头锥柄装入尾座套筒锥孔内.大于 $\phi12$ mm 的铰刀一般安装在浮动套筒内,再将浮动套筒装入尾座套筒锥孔内,如图 3-12.

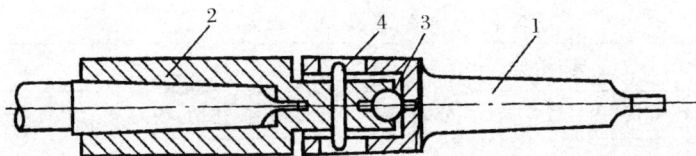

图 3-12 铰孔浮动装置
1.套筒 2.锥套 3.钢球 4.销子

(3)铰孔方法

①铰削余量的确定

铰孔前一般先经过车孔或扩孔,并留有铰削余量.余量的大小直接影响铰孔的质量.余量太小,往往不能把前道工序的加工痕迹铰去;余量太大会使切屑挤压在铰刀齿槽中,严重影响表面粗糙度,并使切削刃负载过大而迅速磨损,甚至崩刃.

高速钢铰刀的铰孔余量一般为 0.08~0.12 mm,硬质合金铰刀为 0.15~0.20 mm.

②铰削前的准备工作

a.铰刀的选择 铰孔的精度与铰刀的尺寸、质量有密切的关系.因此,在选择铰刀时其尺寸公差最好选择被加工孔公差带中间 1/3 左右的尺寸.如铰削 $\phi20_{0}^{+0.021}$ mm 孔时,铰刀尺寸最好选择 $\phi20_{+0.007}^{+0.018}$ mm 的铰刀,并且刃口必须锋利,没有崩刃和毛刺.

b.铰孔前对孔的要求 铰孔前,孔的表面粗糙度 Ra 的值要小于 3.2 μm.此外,铰孔前一般还需要先车孔来修正孔的直线度,因为铰孔不能修正孔的直线度.如果孔径太小,车孔非常困难,一般先用中心钻定位,然后再钻孔、扩孔,最后铰孔.

c.调整主轴和尾座套筒轴线的同轴度 铰孔前用试棒和百分表找正尾座的中心位置,保证尾座的中心与主轴轴心线重合.但是,对于一般精度的车床,要求尾座的中心与主轴轴心线重合是比较困难的,因此,铰孔时最好采用浮动套筒.

d.确定铰孔时尾座的纵向位置,铰孔时尾座套筒伸出 50 mm 左右,铰刀离工件端面约 5~10 mm,锁紧尾座.

e.选择合理的铰削用量 铰孔时的切削速度一般在 0.1 m/min 以下;进给量可以取得大一些,铰钢料时一般取 0.2~1 mm/r,铸铁可取得更大些.

f.合理选用切削液 材料不同,选用的切削液也不同.铰钢料时可选用硫化乳化油,铰铸铁时选用煤油或柴油等.

【技能训练】

一、实训条件

实训条件见表 3-1.

表 3-1　设备、工具、材料配置

车床	工具/量具	刀具	材料
CA6140	游标卡尺、内径千分尺、百分表	麻花钻、扩孔钻、铰刀	ϕ40 mm×42 mm

二、实训项目

确定如图 3-13 所示实习件的加工步骤并练习加工.

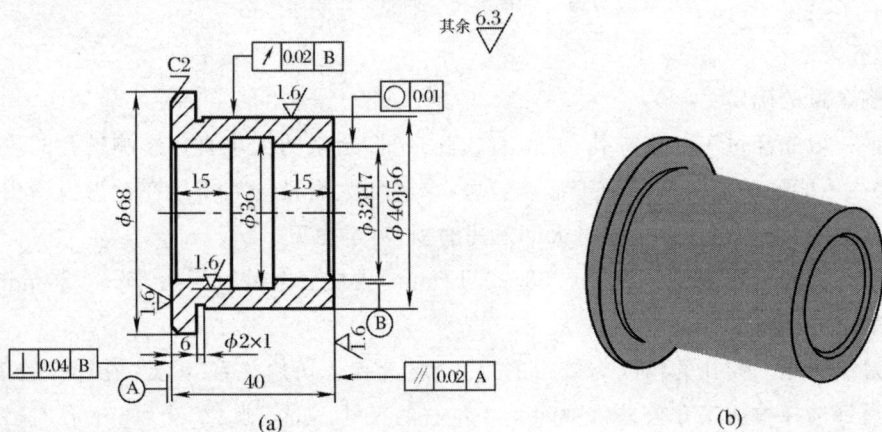

图 3-13

加工步骤:
①车端面,钻中心孔.
②车外圆.
③钻孔.
④铰孔.

任务 2　车孔和车内沟槽

任务描述

　　通过本次任务的完成,认识车孔车刀和内沟槽车刀的结构特点,掌握车孔和内沟槽的加工方法.

任务实施

一、车孔

　　车孔也是孔加工常用方法之一,既可以作为粗加工,也可以作为精加工,加工范围很广,如图 3-14 所示.车孔精度可达 IT7～IT8,表面粗糙度值可达 $Ra1.6～3.2\ \mu m$,精细车削可达 $Ra0.8\ \mu m$,车孔可以修正孔的直线度.

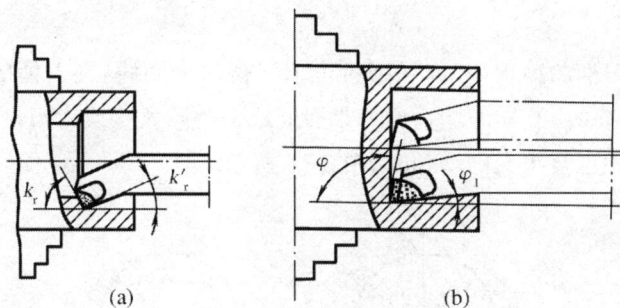

图 3-14
(a)车通孔　(b)车盲孔

1.车孔车刀

车孔的方法基本上和车外圆相同,但内孔车刀和外圆车刀相比又有差别.根据不同的加工情况,车刀分为通孔车刀和盲孔车刀.通孔车刀是车通孔的,盲孔车刀是车盲孔或者台阶孔的.

通孔车刀的几何形状基本上与 75°外圆车刀相似,为了减小背向力 F_p,防止振动,主偏角 k_r 应取较大值,一般取 $k_r=60°～75°$,取副偏角 $k_r'=15°～30°$.如图 3-15(a)为典型的通孔车刀.

盲孔车刀切削部分的几何形状基本上与偏刀相似.其主偏角一般取 $k_r=90°～95°$.车平底盲孔时刀尖在刀柄的最前端,刀尖与刀柄外端的距离 a 小于内孔半径 R,否则孔的底平面就无法车平.车内台阶孔时,只要与孔壁不碰即可.图 3-15(b)为典型的盲孔车刀.

为了节省刀具的材料和增加刀柄的强度,可以把高速钢或者硬质合金做成大小适当的刀头,装在碳钢或合金钢制成的刀柄上,在前端或上面用螺钉紧固,如图 3-15 所示.

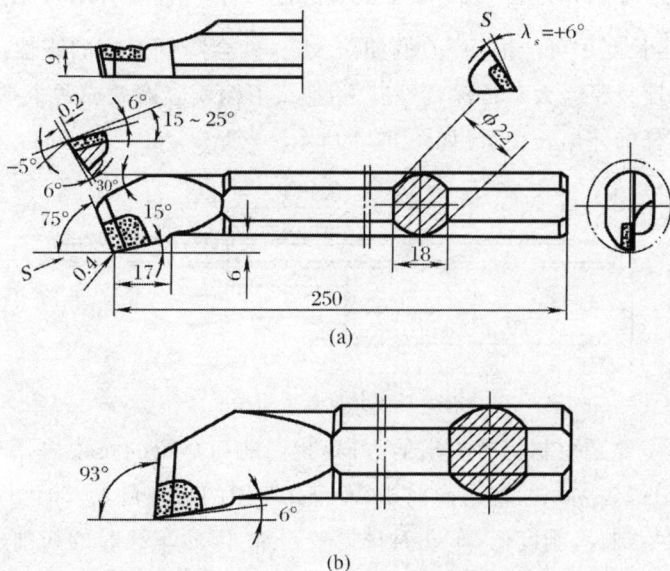

图 3-15　(a)典型的通孔车刀　(b)典型的盲孔车刀

2. 车孔的技术要点

车孔的关键技术是解决内孔车刀的刚性和排屑问题.增加内孔车刀的刚性主要采取以下两项措施.

(1)尽量增加刀柄的截面积.如果刀尖位于刀柄的中心线,则刀柄的截面积比刀尖位于刀柄的上面要大得多;内孔车刀的后面如果刃磨成一个圆弧状或者刃磨成两个后角,比磨成一个大后角,截面积也会大大的增加.如图 3-16 所示.

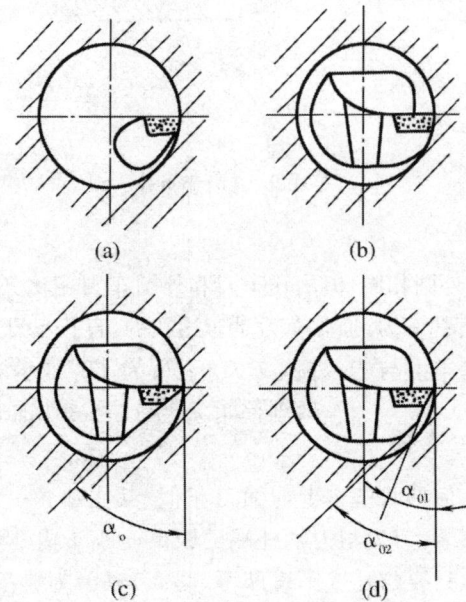

图 3-16　车孔时的端面投影图
(a)刀尖位于刀柄上面　(b)刀尖位于刀柄中心　(c)一个后角　(d)两个后角

(2)刀柄的伸出长度尽可能缩短.刀柄伸出太长,就会降低刀柄的刚性,容易引起振动.因此刀杆伸出的长度只要略大于孔深就可以了,那么刀柄就应该做成两个平面,这样就可以根据孔深来调整刀杆的伸出长度了.如图 3-17 所示.

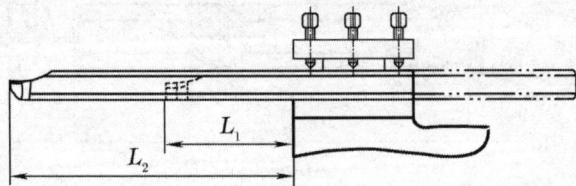

图 3-17　长度可调刀柄

解决排屑问题主要是控制切屑流出的方向.我们前面介绍的典型内孔车刀就解决了这个问题.通孔车刀刃倾角 $\lambda_s > 0$,切屑向前排;而盲孔车刀的刃倾角 $\lambda_s < 0$,切屑向后排.

内孔车刀的刀柄细长,刚度低,车孔时排屑较困难,因此车孔时的切削用量取得比车外圆时要小些.车孔时的背吃刀量 a_p 为车孔余量的一半;进给量 f 比车外圆时小 $20\% \sim 40\%$;切削速度 v_c 比车外圆时小 $10\% \sim 20\%$.

3.套类零件的装夹

（1）一次装夹车削

在单件小批量生产中,为了避免由于工件多次装夹而造成的定位误差,保证工件各加工表面间的相互位置精度,可以在卡盘上一次装夹车削内外表面和端面.这种装夹方法没有定位误差,如果车床精度较高,就可以获得较高的同轴度和垂直度.但是采用这种装夹方法车削时需要经常转换刀架和装卸刀具,尺寸较难掌握,切削用量也要经常改变,对工人技术水平要求较高.如图 3-18 所示.

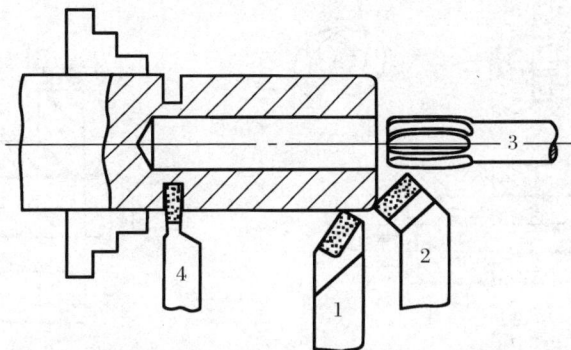

图 3-18　一次装夹车削示意图

（2）以外圆和端面为定位基准

当工件的外圆和一个端面在一次装夹中车削完成后,可以用车好的外圆和端面为定位基准装夹工件.具体方法如下.

①反卡爪装夹法　当工件的位置精度要求不太高而且工件直径较大、长度较短时,可以选择比较正的卡盘将卡爪反装,然后把工件与反卡爪端面靠实后夹紧工件车削,见图 3-19.

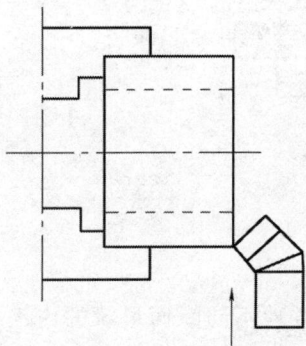

图 3-19　反卡爪装夹车削

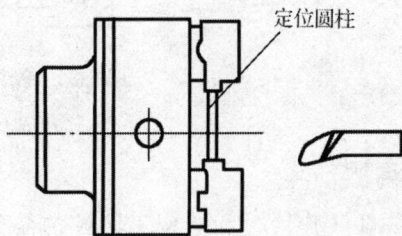

图 3-20　软卡爪装夹车削

②软卡爪装夹法　软卡爪是用未经淬火的 45# 钢制成,这种卡爪在使用时是随即车削成型的,可以避免装夹误差.另外,还可根据工件的特殊形状相应地加工软卡爪,以装夹工件.因此,软卡爪在工厂中已得到越来越广泛的应用.见图 3-20.

（3）以内孔为定位基准　车削中小型的轴套、带轮和齿轮等工件时,一般可用已加工好的内孔为定位基准,把工件装夹在心轴上精车外圆.由于心轴制造容易,使用方便,因此在生产中应用广泛.常用的心轴有实体心轴和胀力心轴等.

①实体心轴　实体心轴有台阶式心轴和小锥度心轴两种.

台阶式心轴:台阶心轴的圆柱部分与工件内孔保持较小的间隙配合,工件靠螺母来压紧.定心精度不高,但可用来一次装夹多个工件,效率比较高.为了使工件装卸方便,最好应用开口垫圈.

小锥度心轴:这种心轴制造简单、定心精度高,其锥度一般为 1∶5 000～1∶1 000,但工件轴向无法定位,不能承受较大的切削力,工件装卸也不方便.

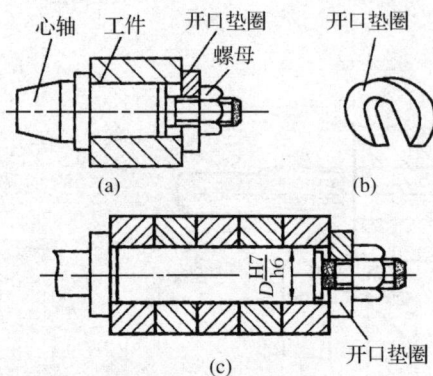

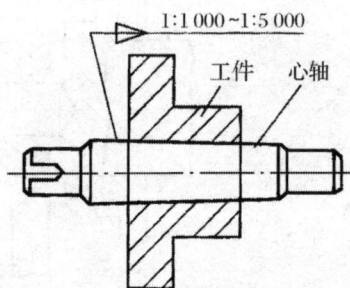

图 3-21　台阶心轴　　　　　　图 3-22　小锥度心轴

②胀力心轴　胀力心轴是依靠胀力套的弹性变形所产生的力来固定工件.胀力心轴的圆锥角最好为 30°左右,最薄部分的壁厚可为 3～6 mm.为了使胀力均匀,槽可做成三等份.长期使用的胀力心轴可用 65Mn 弹簧钢制成.胀力心轴装卸方便,定心精度高,故应用广泛.

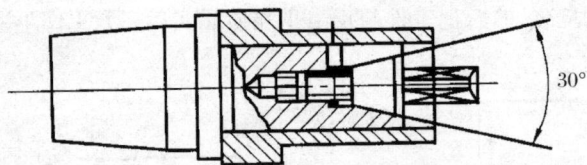

图 3-23　胀力心轴

二、车内沟槽

机械零件由于工作情况和结构工艺性的需要,有各种不同断面形状的内沟槽.如退刀槽、密封槽、轴向定位槽、油气通道槽等等.

1.常见内沟槽的种类、结构、作用及车削方法,见表 3-2.

表 3-2　常见内沟槽的种类、结构、作用及车削方法

类型	退刀槽	轴向定位槽	油气通道槽	密封槽
结构	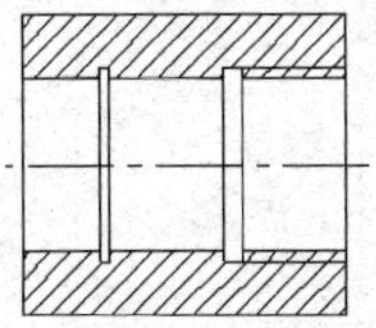	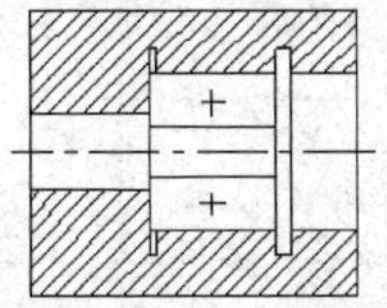	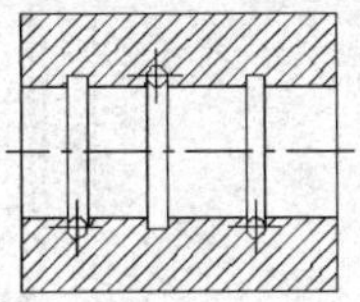	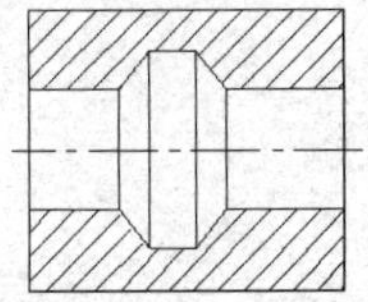
作用	车内螺纹、车孔和磨孔时做退刀用	在轴承座内孔中的适当位置开槽放入弹性挡圈,以实现滚动轴承的轴向定位	在液压和气压滑阀中开内沟槽以通油或通气	防止润滑剂溢出
车削图	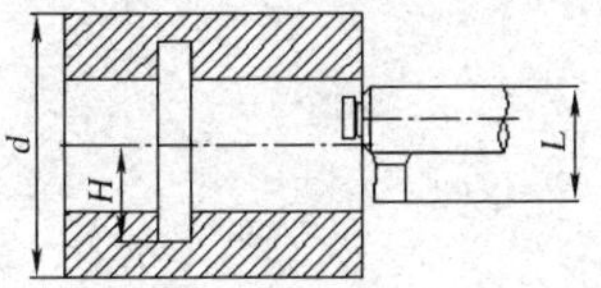			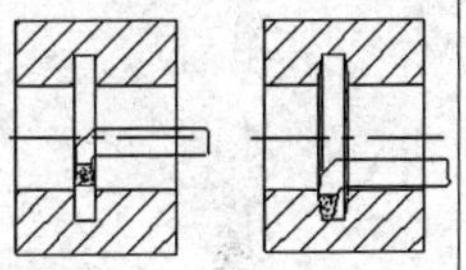
车削方法	车削较窄的内沟槽时,可直接用内沟槽车刀准确的主切削刃宽度来保证;车较宽的内沟槽时,可以用多次车削槽的方法来完成			一般先车出直槽,再用内孔成型刀车削成型

2.内沟槽车刀的选用

根据被加工孔径尺寸的大小、深浅选用内沟槽刀,其几何角度与外沟槽刀基本相同.内沟槽车刀的刃磨方法可参照外沟槽刀的刃磨方法进行,不同的是内沟槽车刀的后角一般刃磨成双重后角或者半径小于内孔孔径的圆弧形.内沟槽刀装夹时,主切削刃必须与内孔素线平行,其他与装夹内孔车刀一致.

【技能训练】

一、实训条件

实训条件见表 3-3.

表 3-3　设备、工具、材料配置

车床	工具/量具	刀具	材料
CA6140	游标卡尺、内径千分尺、百分表、内卡钳	内孔车刀、内沟槽车刀	ϕ60 mm×52 mm

二、实训项目

确定如图 3-24 所示实习件的加工步骤并练习加工.

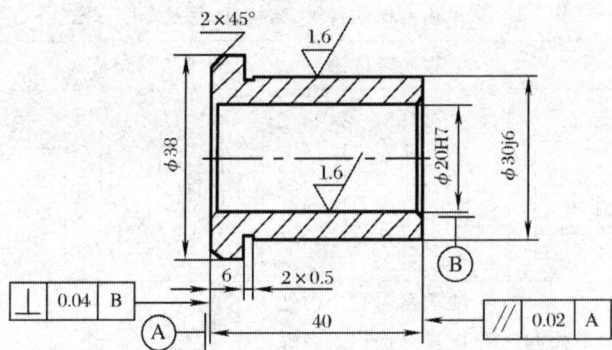

图 3-24　实训车孔零件

加工步骤:

①车端面.

②车外圆.

③钻孔.

④车孔.

⑤车内沟槽.

⑥检验.

※思考与练习

一、填空.

1. 车孔可以修正孔的_____.

2. 车孔的关键技术是_____和_____;采取的措施是_____、_____、_____、_____.

3. 套类工件的装夹方法是_____、_____、_____.

4. 车孔可以达到的精度为_____,表面粗糙度可达_____.

5. 麻花钻螺旋槽的作用是_____、_____和_____.

6. 麻花钻刃磨的要求是两条切削刃要_____,横刃斜角为_____.

7. 标准麻花钻顶角为_____,一般为_____.当钻削铝合金材料时选用的角度为_____,钻削不锈钢时选用的角度为_____.

8. 扩孔可以达到的精度为_____,表面粗糙度可达_____.

9. 铰刀的种类:按使用方式分为_____和_____,按切削部分的材料分为_____和_____.

二、问题分析.

(1) 通孔车刀和盲孔车刀有何区别?

(2) 套类零件装夹用到的心轴是哪几种? 各有何特点? 分别用于什么场合?

(3) 内孔车刀的后角有何特别之处? 为什么?

(4) 内孔加工和外圆加工相比较有什么特点?

(5) 内孔加工与外圆柱加工相比较有什么特点?

(6) 在钻孔过程中,麻花钻伸出的长度比较长,如何排屑和冷却?

(7) 在加工过程中,一般情况下为什么要车平端面而且先钻中心孔再钻孔?

(8) 铰削时的注意事项有哪些?

车工工艺及实训

项目四　车圆锥面

任务1　圆锥的基本知识

任务描述

通过本次任务的完成,掌握圆锥的定义、术语和尺寸计算方法,掌握锥度的检验测量方法.

任务实施

在机床与工具中,圆锥配合应用得很广泛.在加工圆锥时,除了对尺寸精度、形位精度和表面粗糙度有要求外,还有角度和精度要求.

一、术语及定义

1.圆锥表面　与轴线成一定角度,且一端相交于轴线的一条直线段(母线),围绕着该轴线旋转形成的表面称为圆锥表面.

2.圆锥　由圆锥表面与一定尺寸所限定的几何体,称为圆锥.圆锥又可分为外圆锥和内圆锥两种.

3.圆锥的基本参数　圆锥表面各部分的名称如图4-1所示.

(1)圆锥角 α　在通过圆锥轴线的截面内,两条素线间的夹角.车削时经常用到的是圆锥半角 $\alpha/2$.

(2)最大圆锥直径 D　简称大端直径.

(3)最小圆锥直径 d　简称小端直径.

(4)圆锥长度 L　最大圆锥直径与最小圆锥直径之间的轴向距离.

(5)锥度 C　最大圆锥直径与最小圆锥直径之差对圆锥长度之比.如图4-2所示.

$$C=(D-d)/L \qquad\qquad (公式4\text{-}1)$$

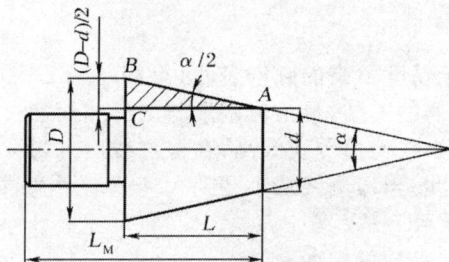

图 4-1　圆锥的各部分尺寸

69

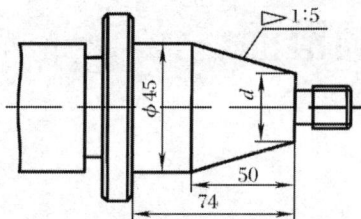

图 4-2 标注圆锥的工件

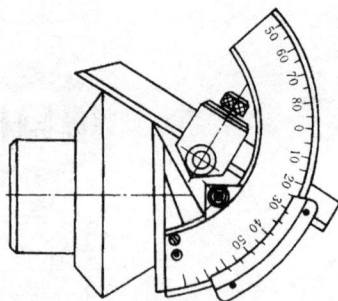

图 4-3 万能角度尺检测锥度

二、圆锥各部分尺寸计算

由上可知,圆锥具有四个基本参数,只要知道其中任意三个参数,其他一个未知参数即能求出.

1.圆锥半角 $\alpha/2$ 与其他三个参数的关系

在图样上一般都标明 D、d、L.但是在车圆锥时,往往需要转动小滑板的角度,所以必须算出圆锥半角 $\alpha/2$.圆锥半角可按下面公式计算,在图 4-1 中:

由 $\tan(\alpha/2)=BC/AC, BC=(D-d)/2 AC=L$

得 $\tan(\alpha/2)=(D-d)/2L$ (公式 4-2)

其他三个参数与圆锥半角 $\alpha/2$ 的关系:

$$D=d+2L\tan(\alpha/2)$$ (公式 4-3)

$$d=D-2L\tan(\alpha/2)$$ (公式 4-4)

$$L=(D-d)/2\tan(\alpha/2)$$ (公式 4-5)

2.锥度 C 与其他三个量的关系

有配合要求的圆锥,一般标注锥度符号.

根据公式 $C=(D-d)/L$,D、d、L 三个量与 C 的关系为:

$$D=d+CL$$ (公式 4-6)

$$d=D-CL$$ (公式 4-7)

$$L=(D-d)/C$$ (公式 4-8)

圆锥半角 $\alpha/2$ 与锥度 C 的关系为:

$$\tan(\alpha/2)=C/2$$ (公式 4-9)

$$C=2\tan(\alpha/2)$$ (公式 4-10)

三、锥度的测量

1.用量角器测量(适用于精度不高的圆锥表面)

根据工件角度调整量角器的安装,量角器基尺与工件端面通过中心靠平,直尺与圆锥母线接触,利用透光法检查,人视线与检测线等高,在检测线后方衬一白纸以增加透视效果,若合格即为一条均匀的白色光线.当检测线从小端到大端逐渐增宽,即锥度小,反之则大,需要调整小滑板角度.如图 4-3 所示.

2.用套规检查(适用于较高精度锥面)

可通过感觉来判断套规与工件大小端直径的配合间隙,调整小滑板角度.在工件表面上顺着母线相隔 120°而均匀地涂上三条显示剂.把套规套在工件上转动半圈之内,取下套规检查工件锥面上的显示剂情况,若显示剂在圆锥大端擦去,小端未擦去,表明圆锥半角小;否则圆锥半角大.根据显示剂擦去情况调整锥度.

车工工艺及实训

【技能实训】

一、实训条件

实训条件见表 4-1.

表 4-1 实训条件

项目	名称
量具	万能角度尺、圆锥塞规
材料	各种加工好的圆锥面工件

二、实训项目

对已加工好的圆锥面工件进行锥面的检测.

三、注意事项

用量角器检查锥度时,测量边应通过工件中心.用套轨检查时,工件表面粗糙度要小,涂色要均匀,转动一般在半圈之内,多则易造成误判.

任务 2 车圆锥体

任务描述

通过本次任务的完成,理解车圆锥的常用方法,掌握"移动小滑板法"车内、外圆锥.

任务实施

一、车圆锥的方法

1.移动小滑板法

车较短的圆锥时,可以用转动小滑板法.车削时只要把小滑板按工件的要求转动一定的角度,使车刀的运动轨迹与所要车削的圆锥素线平行即可.如图 4-4 和表 4-2 所示.这种方法操作简单,调整范围大,能保证一定的精度.

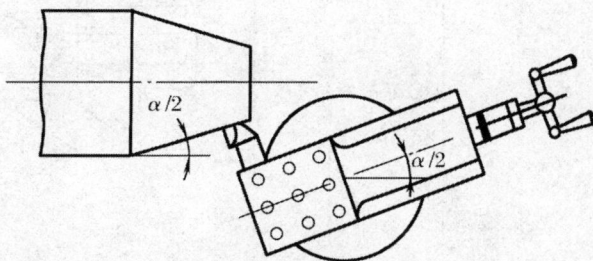

图 4-4 移动小滑板车外圆锥

表 4-2　图样上标注的角度和小滑板应转过的角度

图例	小滑板应转的角度	车削示意图
	逆时针 30°	
	A 面逆时针 43°	
	B 面顺时针 50°	
	C 面顺时针 50°	

转动小滑板车圆锥体的特点如下.

(1)能车圆锥角度较大的工件,可超出小滑板的刻度范围.

(2)能车出整个圆锥体和圆锥孔,操作简单.

(3)只能手动进给,劳动强度大,但不易保证表面质量.

(4)受行程限制只能加工锥面不长的工件.

2.偏移尾座法

在两顶尖之间车削外圆锥时,床鞍平行于主轴轴线移动,但尾座横向偏移一段距离后,工件旋转中心与纵向进给方向相交成一个角度 $\alpha/2$,因此,工件就车成了圆锥.

偏移尾座法只适宜于加工锥度较小、长度较长的外圆锥工件.

3.仿行法(靠模法)

仿行法车圆锥是刀具按照仿行装置(靠模)进给对工件进行加工的方法,适用于车削长度较长、精度要求较高的圆锥.

仿行法车圆锥的优点是调整锥度既方便又准确,因中心孔接触良好,所以锥面质量高,可机动进给车外圆锥和内圆锥.但靠模装置的角度调节范围较小,一般在12°以下.

4.宽刃刀车削法

在车削较短的圆锥时,可以用宽刃刀直接车出.宽刃刀车削法实质上是属于成型法.因此宽刃刀的切削刃必须平直,切削刃与主轴线的夹角应等于工件圆锥半角 $\alpha/2$.使用宽刃刀车圆锥时,车床必须具有很好的刚性,否则容易引起振动.当工件的圆锥斜面长度大于切削刃长度时,也可以多次用接刀方法加工,但接刀处必须平整.

二、对刀方法

(1)车外锥时,利用端面中心对刀.

(2)车内锥时,可利用尾座顶尖对刀或者在孔端面上涂上显示剂,用刀尖在端面上画一条直线,卡盘旋转180°,再画一条直线,如果重合则车刀已对准中心,否则继续调整垫片厚度达到对准中心的目的.如图4-5所示.

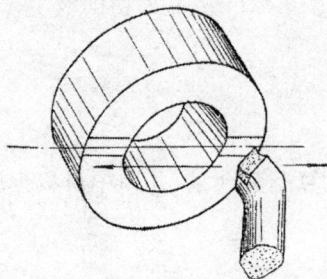

图4-5 车内锥对刀

三、加工锥度的方法

1.百分表小验锥度法

尾座套筒伸出一定长度,涂上显示剂,在尾座套筒上取一定尺(一般应长于锥长),百分表装在小滑板上,根据锥度要求计算出百分表在定尺上的伸缩量,然后紧固小滑板螺钉.此种方法一般不需试切削.

2.空对刀法

利用锥比关系先把锥度调整好,再车削.此方法是先车外圆,在外圆上涂色,取一个合适的长度并画线,然后调小滑板锥度,紧固小滑板螺钉,摇动中滑板使车刀轻微接触外圆,再摇动小滑板使其从线的一端到另一端后,摇动中滑板前进刀具并记住刻度盘刻度,再计算锥比关系.如果中滑板前进的刻度在计算值±0.1格,则小滑板锥度合格;如果中滑板前进的刻度大了,则说明锥度大了;如果中滑板前进的刻度小了,则说明锥度小了.

四、车圆锥孔

车圆锥孔比车圆锥体困难,因为车削工作在孔内进行,不易观察,所以要特别小心.为了便于测量,装夹工件时应使锥孔大端直径的位置在外端.

1.转动小滑板车圆锥孔

(1)先用直径小于锥孔小端直径 1~2 mm 的钻头钻孔(或车孔).

(2)调整小滑板镶条松紧及行程距离.

(3)用钢直尺测量的方法装夹车刀.

(4)转动小滑板角度的方法与车外圆锥相同,但方向相反.应顺时针转过圆锥半角,进行车削.当锥形塞规能塞进孔约 1/2 长时用涂色法检查,并找正锥度.

2.反装刀法和主轴反转法车圆锥孔

(1)先把外锥车好.

(2)不要变动小滑板角度,反装车刀或用左车孔刀进行车削.

(3)用左车孔刀进行车削时,车床主轴应反转.

3.切削用量的选择

(1)切削速度比车外圆锥时低 10%~20%.

(2)手动进给量要始终保持均匀,不能有停顿与快慢现象.最后一刀的切削深度一般硬质合金取 0.3 mm,高速钢取 0.05~0.1 mm,并加切削液.

4.圆锥孔的检查

(1)用卡尺测量锥孔直径.

(2)用塞规涂色检查,并控制尺寸.

(3)根据塞规在孔外的长度计算车削余量,并用中滑板刻度进刀.

五、加工锥度的步骤

①根据图纸得出角度,将小滑板转盘上的两个螺母松开,转动一个圆锥半角后固定两个螺母.

②进行试切削并控制尺寸,要求锥度在 5 次以内合格.

③检查.

【技能训练】

一、实训条件

实训条件见表 4-3.

表 4-3　设备、工具、材料配置

车床	工具/量具	刀具	材料
CA6140	游标卡尺、量角器	90°刀、内孔车刀	$\phi 45$ mm×76 mm、$\phi 50$ mm×50 mm

二、实训项目

1.确定如图 4-6 所示实习件的加工步骤并练习加工.

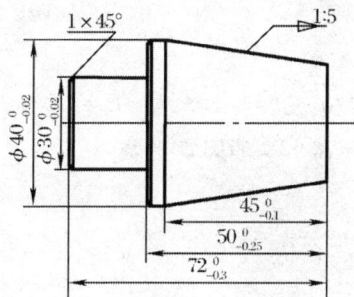

图 4-6

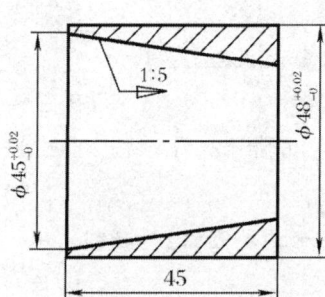

图 4-7

加工步骤:

①夹住 $\phi 50$ mm 外圆,长度在 15 mm 左右.

②粗、精车端面,控制总长及外圆至尺寸要求.

③小滑板转过一个半角,车锥度.

④用量角器检查,合格卸车.

2.根据图 4-7 所示加工工件.

三、注意事项

1.车刀应对准工件中心,以防母线不直.

2.粗车时进刀不宜过深,应先找正锥度,以防工件报废.

3.随时注意两顶尖间的松紧和前顶尖的磨损情况,以防工件飞出伤人.

4.如果工件数量较多时,其长度和中心孔的深浅、大小必须一致.

5.精加工锥面时,a_p 和 f 都不能太大,否则影响锥面加工质量.

6.当车刀在中途刃磨以后装夹时,必须重新调整,使刀尖严格对准中心.

7.用塞规涂色检查时,必须注意孔内清洁,转动量在半圈之内.

8.取出塞规时注意安全,不能敲击,以防工件移位.

✴思考与练习

一、判断.

1.圆锥半角与锥度的关系为 tg $\alpha/2$＝$C/2$ 或 C＝2tg $\alpha/2$.（　　）

2.圆锥面有外圆锥面和内圆锥面两种.具有外圆锥面的叫圆锥体,具有内圆锥面的叫圆锥孔.（　　）

3.车削内圆锥的方法有转动小滑板法、仿形法和铰削圆锥孔法.（　　）

二、选择.

1.圆锥半角 $\alpha/2$ 的计算公式为（　　）.

A. tg $\alpha/2$＝$(d-D)/2L$　　　　B. tg $\alpha/2$＝$(D-d)/2L$　　　　C. tg $\alpha/2$＝$2L/(D-d)$

2.应用公式计算圆锥半角时,必须查（　　）.

A. 数学用表　　　　　　B.计算表　　　　　　C.三角函数

3.锥度的计算公式为 C＝（　　）.

A.C＝$(d-D)/L$　　　　B.C＝$(D-L)/d$　　　　C.C＝$(D-d)/L$

4.已知:D＝26,d＝21,L＝45,用近似计算法计算出来的圆锥半角为（　　）.

A.1°51′　　　　　　　　B.2°52′　　　　　　　　C.3°53′

5.车削较短的内外圆锥,一般都采用（　　）法进行车削.

A.仿形　　　　　　　　B.偏移尾座　　　　　　C.转动小滑板

6.车削长度较长、锥度较小的外圆锥时,若精度要求不高,可用（　　）法进行加工.

A.偏移尾座　　　　　　B.转动小滑板　　　　　C.宽刃刀车削

7.用转动小滑板法车削圆锥零件时,小滑板法转过的角度为（　　）.

A.$\alpha/2$　　　　　　　　B.tg $\alpha/2$　　　　　　C.tg $\alpha/2$＝$(D-d)/L$

三、填空.

1.车削外圆锥的方法有＿＿＿＿＿法、＿＿＿＿＿法、＿＿＿＿＿法和＿＿＿＿＿法.

2.转动小滑板法车削圆锥时应注意:图样上标注的不是圆锥半角＿＿＿＿＿时一定要将其换算成圆锥半角＿＿＿＿＿;转动小滑板时一定要注意转动的＿＿＿＿＿应正确.

3.转动小滑板车削圆锥的特点是:＿＿＿＿＿调整范围大;能车削＿＿＿＿＿圆锥;在同一零件上车削几种圆锥角时＿＿＿＿＿方便.缺点是受小滑板行程限制,只能加工＿＿＿＿＿的圆锥;只能手动进给,劳动＿＿＿＿＿大;＿＿＿＿＿难以控制.

4.用圆锥量规检验工件时,先在塞规表面顺着圆锥＿＿＿＿＿用＿＿＿＿＿均匀地涂上三条线(相互隔120°),然后将塞规放入内圆锥中转动＿＿＿＿＿周,显示剂擦去均匀,说明圆锥接触＿＿＿＿＿,锥度＿＿＿＿＿,如果大端擦去而小端没有擦去,说明＿＿＿＿＿小,反之说明＿＿＿＿＿大.

项目五 车成型面与表面修饰

任务1 成型面的车削

任务描述

通过本次任务的完成,了解成型面的概念,掌握双手控制法车削成型面及成型面的检测方法.

任务实施

一、术语及定义

在机床与日常生活中成型面应用很广泛.如图5-1所示单球手柄、三球手柄、摇手柄等,它们的轴向剖面为曲线形状,这在机械制造中被称为成型面.

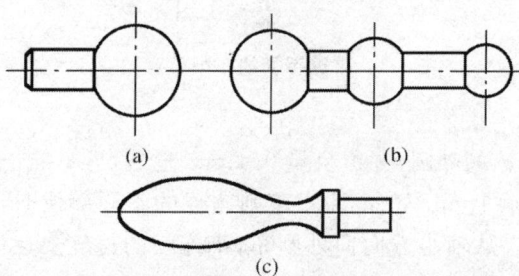

图5-1 成型面

(a)单球手柄 (b)三球手柄 (c)摇手柄

在普通车床上,加工成型面应根据工件的数量多少、精度要求和成型面的特点采用不同的加工方法.

二、成型面的车削方法

1.双手控制法

双手控制法就是用左手控制中滑板手柄,右手控制小滑板手柄,使车刀运动为横、纵向的合运动,刀尖运动轨迹与工件的成型面素线重合,从而车出成型面.

其优点是灵活,不需要其他辅助工具,不足是要求工人有较高的技术水平,且效率低,精度差,只适于数量少且精度要求低的成型面工件加工.

例:单球手柄的车削方法

(1)首先要计算长度L,公式为:

$$L = \frac{1}{2}(D + \sqrt{D^2 - d^2}) \qquad\qquad \text{(公式 5-1)}$$

式中：L——圆球部分长度，mm D——圆球直径，mm d——手柄直径，mm

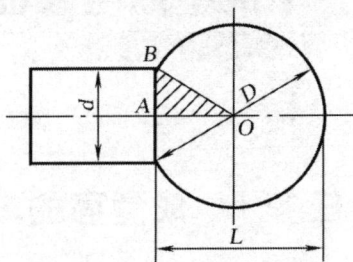

图 5-2 单球手柄的各部分示意图

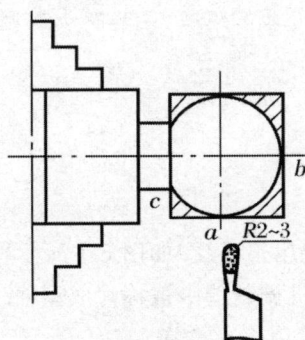

图 5-3 单球手柄的车削示意图

(2)加工步骤

①粗车：先车好 D 和 d 的外圆，并留余量 0.4 mm 左右，再车准长度 L.

②粗车圆球，留余量 0.4 mm 左右．注意车削圆球的不同部位时，中小拖板的进给速度是不一样的，总体而言如果从轴心方向向外圆车，小拖板的速度要逐渐加快，而中拖板的速度要逐渐变慢，如果从外圆向轴心方向车则相反．

(3)精车：因用双手协调进给初车的圆球表面较为粗糙，所以粗车后要用圆弧车刀进行精车，方法与粗车一样，为提高加工质量，可提高转速，减慢进给速度，以提高表面质量．精车时的圆弧车刀的半径 R 视圆球的大小而定．圆弧车刀的几何角度如图 5-4，圆弧车刀的刃口必须锋利、圆滑．

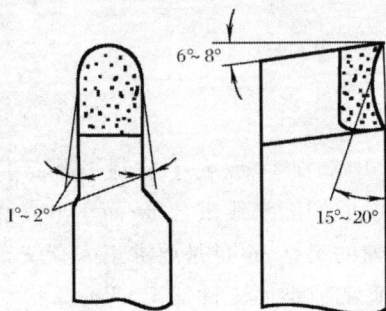

图 5-4 圆弧刃车刀

(4)表面抛光:可用纱布或者锉刀进行表面抛光或者修光,以提高工件表面质量.注意用锉刀表面抛光时的握法应该是右手在前左手在后.

(5)检测:a.用样板检测:样板要对准工件中心,看样板与球面之间的间隙大小,间隙越小则工件质量越好,如图 5-5.

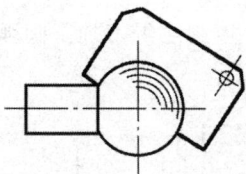

图 5-5 用样板检查球面　　　　图 5-6 用千分尺检测球面

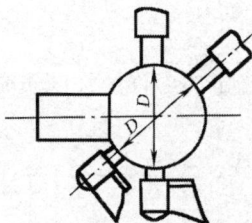

b.用千分尺检测:用千分尺测量圆球不同方向的直径,多次测得不同方向的直径相差越小,并都接近图样要求则工件质量越好,如图 5-6.

2.成型刀车削法

对于大圆弧槽以及批量较大的成型面工件的加工,多采用成型刀车削法.成型刀的形状、角度常根据加工工件的形状、精度要求和批量多少而设计加工.

3.仿形法

对于批量大、精度要求高的成型面工件,多采用仿形法进行加工,可以大大提高生产效率,降低劳动强度,提高精度.日常生活中常见的配钥匙即是仿形法.在机械加工中常用靠板靠模和尾座靠模法车削成型面.

4.还可用专用工具车削成型面

车成型面工件产生废品的原因及预防措施如表 5-1.

表 5-1 成型面工件产生废品的原因及预防措施

废品种类	产生原因	预防措施
工件轮廓不正确	用双手控制法时,纵横向进给不协调	加强练习,使双手协调配合
	用成型刀车削时,车刀形状不正确	按工件圆弧刃磨车刀
	用仿形法时,模型不正确或者安装不对或者机械传动间隙过大	使模型正确,正确安装,调整机械传动间隙
工件表面粗糙	进给量过大	减小进给量
	工件刚性差或者刀头伸出过长,车削时产生振动	加强工件与刀具安装刚度
	毛坯性能差	可对毛坯热处理,以改善切削性能.车削时避免产生积屑瘤.

【技能训练】

一、实训条件

实训条件见表 5-2.

表 5-2　设备、工具、材料配置

车床	工具/量具	刀具	材料
CA616	游标卡尺、千分尺、半径样板	90°刀、45°车刀、圆弧刀、外沟槽刀	$\phi 40$ mm$\times 120$ mm 的 45# 钢

二、实训项目

按如图 5-7 所示确定实习件的加工步骤并用双手控制法练习加工圆弧.

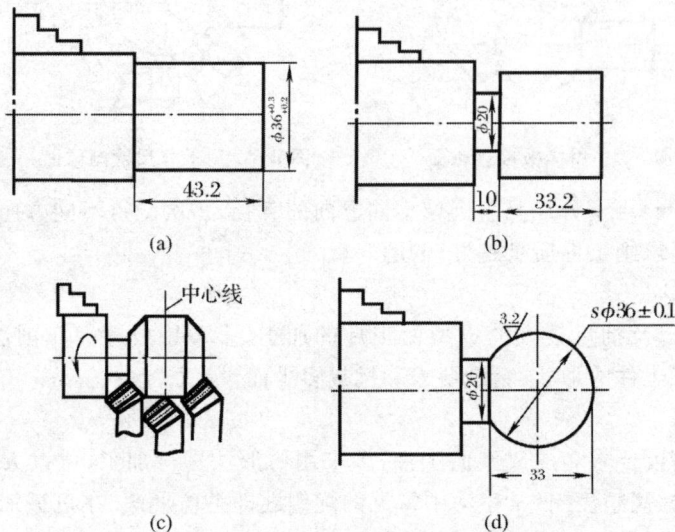

(a)　(b)　(c)　(d)

图 5-7　车单球手柄主要工序示意图

加工步骤:

①夹住毛坯,伸出长度略大于 60 mm,找正夹紧.

②车平端面,粗车 $\phi 36$ mm 圆柱,按图纸切槽,保证 L 的长度为 33.2 mm.

③先找出圆球中心线并刻线,用 45°车刀在圆球的两侧倒角(以减少加工余量),再用圆弧刀以双手控制法粗车圆球,先车右半圆球后车左半圆球,车削时中拖板开始的进给速度要慢,以后逐渐加快,小拖板的进给速度相反,先快后慢.

④精车圆球,提高转速,减慢进给速度与减小吃刀量,边车边检查.

⑤用半径样板检测圆球,修正达到要求.

⑥表面修光.可用纱布或者锉刀进行表面抛光或者修光.

三、注意事项

1. 必须保证 L 的长度.

2. 粗车圆球时先要找到圆球中心,进刀不宜过深,双手应配合协调、熟练.

3. 精车时手动速度要慢,最后一刀应从圆球中心线开始进给.

4. 一定要清角,修整.

5. 要多检查,防止车废.

任务 2　表面修饰

任务描述

通过本次任务的完成,理解工件表面修饰的常用方法,了解滚花的种类,掌握滚花的方法.

任务实施

一、术语及定义

1.滚花及其种类

在一些工件和工具的捏手部位或者表面,为增强表面摩擦力,以便于使用或者使表面更加美观,常常在其表面滚压出不同的花纹.这种加工过程称为滚花.常见的滚过花的工件如钥匙的手柄部分、千分尺的微分筒部分、车床中拖板的刻度盘表面、硬币的边缘等等.

滚花一般有直纹和网纹两种,并有粗细之分,如硬币的边缘为直纹,千分尺的微分筒为网纹.如图 5-8.

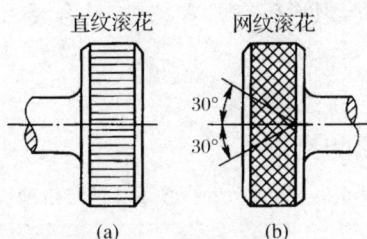

图 5-8　花纹的形状
(a)直纹　(b)网纹

滚花的花纹一般是在车床上用滚花刀滚压而成的.

2.滚花刀的类型

滚花刀一般有单轮、双轮和六轮三种(如图 5-9),单轮滚直纹,双轮、六轮滚网纹.

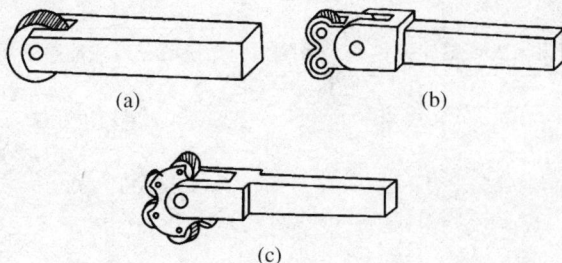

图 5-9
滚花刀的种类　(a)单轮滚花刀　(b)双轮滚花刀　(c)六轮滚花刀

二、滚花的方法

滚花是用滚花刀挤压工件,使其表面产生塑性变形而形成花纹,因此滚花时产生的径向压力很大.滚花前应根据工件材料的性质,把滚花部分的直径车小 0.3 mm 左右,然后将滚花刀紧固在刀架上,使刀的表面与工件表面平行(为减小乱纹可将滚花刀装得略向右偏 3°左右),滚花刀中心与工件中心等高.如图 5-10.

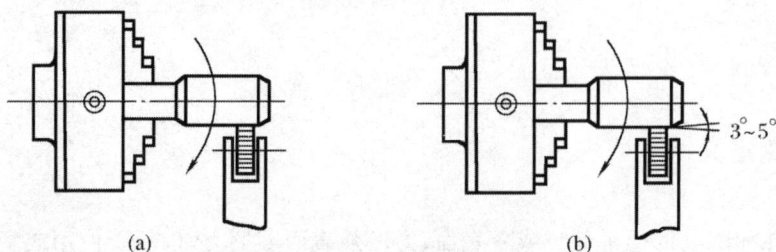

图 5-10 滚花刀的装夹
(a)平行装夹 (b)倾斜装夹

滚花开始时,只将滚花刀的表面宽度的一半跟工件表面接触,而且用较大的压力进刀,使工件一开始就产生较深的花纹,之后停车检查花纹.符合要求后,纵向进给,反复滚压 1～3 次,直至花纹达到要求为止.

三、乱纹产生的原因及预防措施

表 5-3 乱纹产生的原因及预防措施

废品种类	产生原因	预防措施
乱纹	工件外径周长不能被滚花刀的模数除尽	将外径周长车小些,使之能被滚花刀的模数除尽
	滚花开始时切深压力过小,或者滚花刀与工件表面接触过大	加大压力进刀,或减小初次接触面积,或者滚花刀装得略向右偏 3°左右
	滚花刀转动不灵,或者滚花刀与刀杆小轴配合间隙过大	检查原因或更换小轴
	滚花刀磨损太大或滚花刀齿间有问题	更换滚花刀或清除铁屑

【技能训练】

一、实训条件

实训条件见表 5-4.

表 5-4 设备、工具、材料配置

车床	工具/量具	刀具	材料
CA616	游标卡尺、千分尺	90°刀、45°车刀、M0.3 双轮滚花刀	ϕ42 mm×72 mm 的 45# 钢圆棒

二、实训项目

确定如图 5-11 所示实习件的加工步骤并练习加工.

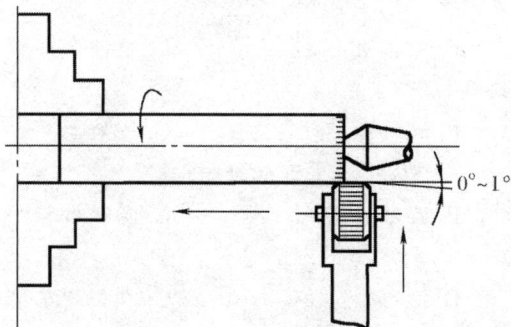

图 5-11　滚花方法

加工步骤：

①夹住 ϕ42 mm 的毛坯外圆,伸出长度在 40 mm 左右,找正夹紧.

②精车端面,粗车外圆至 ϕ30.5 mm×30 mm.

③掉头定总长 70 mm,伸出长度在 45 mm 左右,可用一夹一顶的装夹方法,必须夹紧,粗精车至 ϕ39.7 mm×40 mm.

④将滚轮的一半对准工件外圆,手动以较大的力切入,再自动进给,反复滚压 2～3 遍,倒角.

⑤掉头用铜皮包住已加工好的滚花部分,精车 ϕ30 mm×30 mm,倒角.

三、注意事项

1.滚花时,工件必须装夹牢固,为加强装夹强度可采用一夹一顶的装夹方法,要选用较低的切削速度.

2.滚花时,应充分加注切削液,并经常清除切屑.

3.滚花时,不允许用手摸或用棉纱擦拭滚花表面.

4.精车 ϕ30 mm 时,装夹滚花面时不能用力过大,以防夹伤滚花面.

❋思考与练习

一、判断.

1.成型面的车削方法只有双手控制法一种.（　　）

2.双手控制法车成型面时双手的进给速度要一样.（　　）

3.双手控制法车成型面是工厂大规模批量生产的加工方法.（　　）

4.对成型面可用纱布或者锉刀进行表面抛光或者修光.（　　）

5.滚花时,为清除滚花面的铁屑,可用手直接擦拭滚花表面.（　　）

6.滚花时,为防止工件生锈,不能加注切削液.（　　）

7.滚花的方法是一开始就用自动进给的方法车削.（　　）

8.滚花刀一般有单轮、双轮和六轮三种.（　　）

二、选择.

1. 为保证滚花后工件外径为 φ30 mm,精车外圆的外径应是(   ).

A. φ30 mm   B. φ30.3 mm   C. φ29.7 mm

2. 滚花刀装夹的角度最好是(   ).

A. 与工件表面平行   B. 右偏 2°~3°   C. 左偏 2°~3°

3. 滚花开始时用力最好是(   ).

A. 小一些   B. 大一些   C. 一般

4. 成型面的车削,最后一刀应从(   )开始进给.

A. 圆球中心线   B. 圆球左端   C. 圆球右端

5. 衔头配钥匙即是用(   )车成型面.

A. 双手控制法   B. 仿形法   C. 成型刀车削法

6. 工件表面粗糙的原因不包括(   ).

A. 进给量过大   B. 毛坯性能差   C. 用成型刀车削时,车刀形状不正确

7. 计算长度 L 的公式为(   ).(式中:L——圆球部分长度,D——圆球直径,d——手柄直径)

A. $L = \dfrac{1}{2}(D + \sqrt{D^2 - d^2})$ B. $L = 2(D + \sqrt{D^2 - d^2})$

C. $L = \dfrac{1}{2}(D - \sqrt{D^2 - d^2})$

项目六 车螺纹

任务 1 螺纹的认识

任务描述

通过本次任务的完成,掌握螺纹的定义、分类、术语和几何尺寸.

任务实施

在各种机械产品中,带有螺纹的零件应用很广泛.用车削方法加工螺纹是目前常用的加工方法.

1. 螺旋线的形成

螺旋线的形成原理如图 6-1 所示.直角三角形 ABC 围绕圆柱 d_2 旋转一周,斜边 AC 在圆柱表面上所形成的曲线,就是螺旋线.

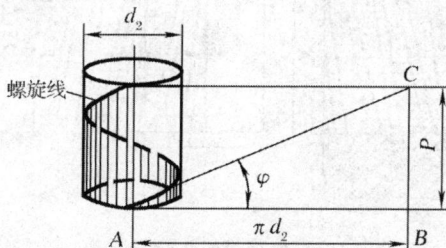

图 6-1　螺旋线的形成原理

2. 螺纹的分类

螺纹按用途可分为联接螺纹和传动螺纹;按牙型可分为三角形、矩形、圆形、梯形和锯齿形;按螺旋线方向可分为右旋和左旋;按螺旋线线数可分为单线和多线螺纹等.螺纹按用途和牙型分类情况见图 6-2.

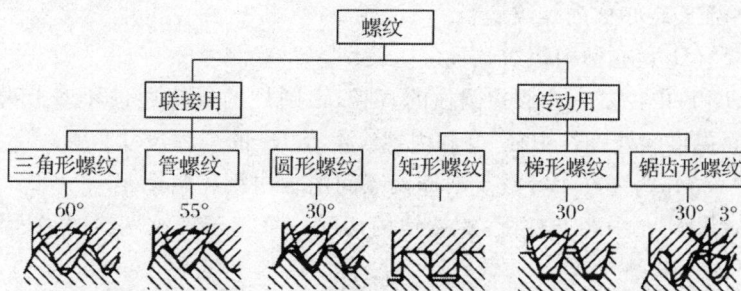

图 6-2　螺纹按用途和牙型分类

3.螺纹术语

(1)螺纹 在圆柱表面上,沿着螺旋线所形成的,具有相同剖面的连续凸起的沟槽称为螺纹.图 6-3 是车床上车削螺纹的示意图.当工件旋转时,车刀沿工件轴线方向作等速移动即可形成螺旋线,经多次进给后便成为螺纹.

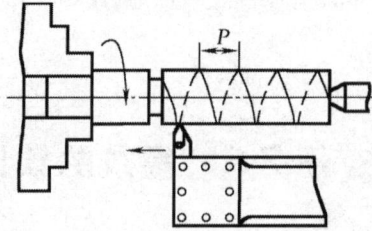

图 6-3 车削螺纹示意图

沿向右上升的螺旋线形成的螺纹(即顺时针旋入的螺纹)称为右旋螺纹;沿向左上升的螺旋线形成的螺纹,即逆时针旋入的螺纹,称为左旋螺纹.

(2)螺纹牙型、牙型角和牙型高度

螺纹牙型是在通过螺纹轴线的剖面上所得到的螺纹的轮廓形状.

牙型角(α)是在螺纹牙型上,相邻两牙侧间的夹角(图 6-4).

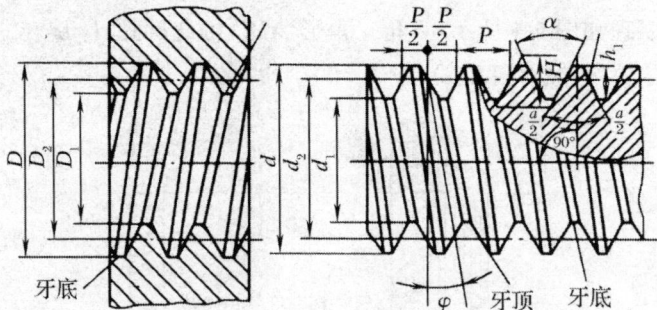

图 6-4 三角形螺纹各部分名称

牙型高度(h_1)是在螺纹牙型上,牙顶到牙底之间,垂直于螺纹轴线的距离.

(3)螺纹直径

①公称直径:代表螺纹尺寸的直径,指螺纹大径的基本尺寸.

②外螺纹大径(d):亦称外螺纹顶径.

③外螺纹小径(d_1):亦称外螺纹底径.

④内螺纹大径(D):亦称内螺纹底径.

⑤内螺纹小径(D_1):亦称内螺纹孔径.

⑥中径(d_2、D_2):中径是一个假想圆柱的直径,该圆柱的母线通过牙型上沟槽和凸起宽度相等的地方.同规格的外螺纹中径 d_2 和内螺纹中径 D_2 的公称尺寸相等.

⑦螺距(P) 相邻两牙在中径线上对应两点间的轴向距离叫螺距.

⑧螺纹升角(φ) 在中径圆柱上,螺旋线的切线与垂直于螺纹轴线的平面之间的夹角.螺纹升角可按下式计算:

$$\tan \varphi = P/(\pi d_2) \qquad (公式 6-1)$$

式中:φ——螺纹升角; P——螺距,mm; d_2——中径,mm.

【技能训练】

一、实训条件

实训条件见表 6-1.

表 6-1 实训条件

项目	常用螺纹的认识
材料	常用的三角形螺纹、梯形螺纹、多线螺纹(蜗杆)工件

二、实训项目

对常用的三角形螺纹、梯形螺纹、多线螺纹(蜗杆)实物进行认识.

三、注意事项

观察比较各种螺纹的特征,正确区别各种螺纹.

任务 2　外三角形螺纹的加工

任务描述

　　三角形螺纹因其规格及用途不同,分普通螺纹、英制螺纹、管螺纹三种.通过本次任务的完成,掌握三角形螺纹的定义、术语和尺寸计算方法,掌握三角形螺纹车刀的刃磨、三角形螺纹的常用加工方法和检测方法.

任务实施

一、三角形螺纹的种类和尺寸的计算

三角形螺纹因其规格及用途不同,分普通螺纹、英制螺纹、管螺纹三种.

1.普通螺纹

普通螺纹是我国应用最广泛的一种三角形螺纹,牙型角为 $60°$.

普通螺纹分粗牙普通螺纹和细牙普通螺纹.粗牙普通螺纹代号用字母"M"及公称直径表示,如 M16、M8 等.细牙普通螺纹代号用字母"M"及公称直径×螺距表示,如 M20×1.5,M10×1 等.细牙普通螺纹与粗牙普通螺纹的不同点是,当公称直径相同时,螺距比较小.

左旋螺纹在代号末尾加注"左"字,如 M6 左、M16×1.5 左等,未注明的为右旋螺纹.

普通螺纹的基本牙型见图 6-5.该牙型具有螺纹的基本尺寸.各基本尺寸的计算式如下.

(1)螺纹大径 $d=D$(螺纹大径的基本尺寸与公称直径相同)　　　　　(公式 6-1)

(2)中径 $d_2=D_2=d-0.649\ 5P$　　　　　(公式 6-2)

(3)牙型高度 $h_1=0.541\ 3P$　　　　　(公式 6-3)

(4)螺纹小径 $d_1=D_1=d-1.082\ 5P$　　　　　(公式 6-4)

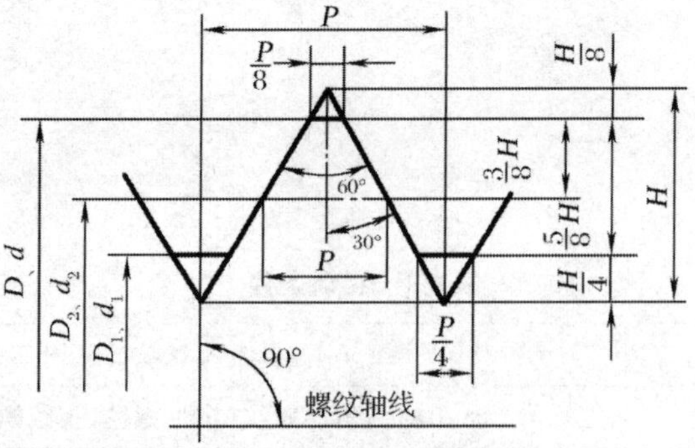

图 6-5 普通螺纹的基本牙型

例:试计算 M24×2 螺纹 d_2、h_1、d_1 的基本尺寸.

解:已知 $d=24$ mm,$P=2$ mm,据公式

$d_2=d-0.649\ 5P=24-0.649\ 5×2=22.701$（mm）

$h_1=0.541\ 3P=0541\ 3×2=1.08$（mm）

$d_1=d-1.082\ 5P=24-1.082\ 5×2=21.84$（mm）

2.英制螺纹

英制螺纹在我国应用较少,只有在某些进出口设备中维修旧设备时应用.

英制螺纹的牙型(图 6-6).它的牙型角为 55°,公称直径是指内螺纹大径,用英寸(in)表示.螺距 P 以 lin(25.4 mm)中的牙数 n 表示,如 lin(25.4 mm)12 牙,螺距 1/12 in.英制螺距与米制螺距的换算如下:

$$P=lin/n=25.4/n \text{ mm} \qquad\qquad （公式 6-5）$$

例:lin(25.4 mm)内 12 牙的螺纹,试计算螺距为多少毫米.

解:已知 $n=12$,根据公式

$P=lin/n=25.4/n \text{ mm}=25.4÷12=2.12 \text{ mm}$

英制螺纹各基本尺寸及 lin(25.4 mm)内的牙数可在有关表中查出.

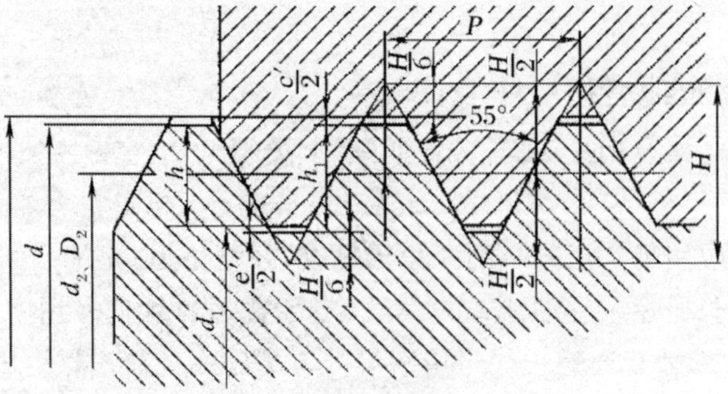

图 6-6 英制螺纹牙型

二、操作方法

(一)内外三角形螺纹车刀的刃磨

要车好螺纹,必须正确刃磨螺纹车刀,螺纹车刀按加工性质属于成型刀具,其切削部分的形状应当和螺纹牙型的轴向剖面形状相符合,即车刀的刀尖角应该等于牙型角.

1. 三角形螺纹车刀的几何角度

(1)刀尖角应等于牙型角.车普通螺纹时为 $60°$,英制螺纹时为 $55°$.

(2)前角一般为 $0°\sim15°$.因为螺纹车刀的纵向前角对牙型角有很大影响,所以精车时或车精度要求高的螺纹时,径向前角取得小些,约 $0°\sim5°$.

(3)后角一般为 $5°\sim10°$.因受螺纹升角的影响,进刀方向一面的后角就磨得稍大些.但大直径、小螺距的三角形螺纹,这种影响可忽略不计.

2. 三角形螺纹车刀的刃磨

(1)根据粗、精车的要求,刃磨出合理的前、后角.粗车刀前角大、后角小,精车刀则相反.

(2)车刀的左右切削刃必须是直线,无崩刃.

(3)刀头不歪斜,牙型半角相等.

(4)内螺纹车刀刀尖角平分线必须与刀杆垂直.

(5)内螺纹车刀后角应适当大些,一般磨有两个后角.

(6)刃磨和检查刀尖角.由于螺纹车刀刀尖角要求高、刀头体积又小,因此刃磨起来比一般车刀困难.在刃磨高速钢螺纹车刀时,若感到发热烫手,必须及时用水冷却,否则容易引起刀尖退火;刃磨硬质合金螺纹车刀时,应注意刃磨顺序,一般是先将刀头后面适当粗磨,随后再刃磨两侧面,以免产生刀尖爆裂.在精磨时,应注意防止压力过大而震碎刀片,同时要防止刀具在刃磨时骤冷骤热而损坏刀片.

为了保证磨出准确的刀尖角,在刃磨时可用螺纹角度样板测量(图 6-7).测量时把刀尖角与样板贴合,对准光源,仔细观察两边贴合的间隙,并进行修磨.

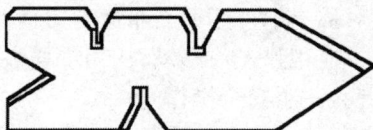

图 6-7　三角形螺纹样板

对于具有纵向前角的螺纹车刀可用一种较厚的特制螺纹样板来测量刀尖角,如图 6-8(a).测量时样板应与车刀底面平行,用透光法检查,这样量出的角度近似等于牙型角.

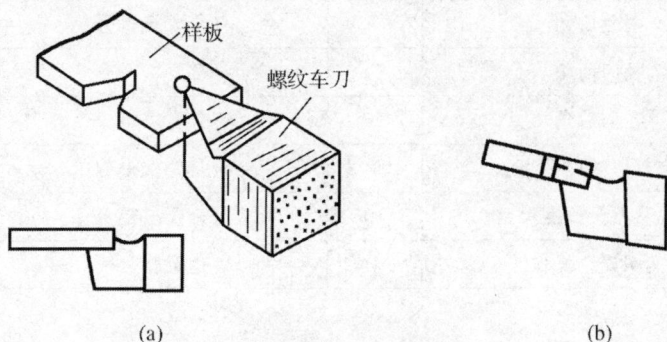

(a)　　　　　　　　　　　　　　(b)

图 6-8　用特制样板测量修正法

(a)正确测量　　(b)不正确测量

附:内外三角形螺纹车刀作业图(图6-9)

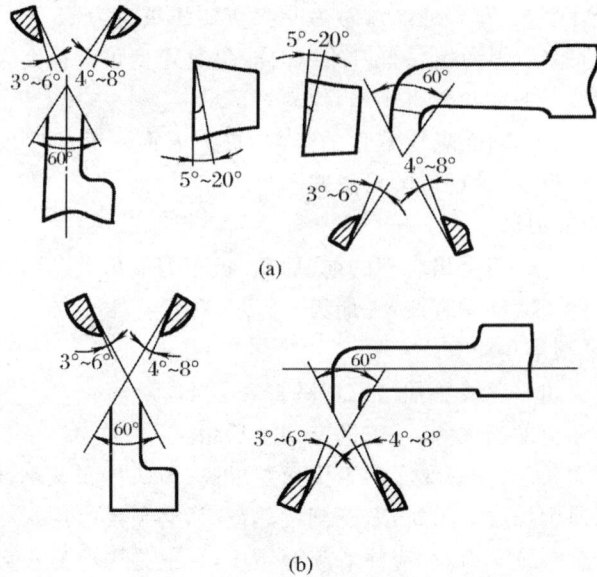

(a)

(b)

图6-9 内外三角形螺纹车刀

(a)粗车刀 (b)精车刀

3.刃磨技术要求

(1)刃磨时应保证两切削刃对称、平直,用磨石精磨各刃面及刀尖.

(2)刃磨主、副后刀面时,双手应稍作左右移动,用角度样板检查刀尖角.

(3)磨刀时必须戴好防护眼镜,注意安全操作.

刃磨质量检查评分表如下.

表6-2 评分表

序号	质量检查内容	占分	评分标准	实测	得分
1	刀尖角60°	30	符合要求得分		
2	两侧后角	10×2	符合要求得分		
3	径向前角	10	符合要求得分		
4	径向后角	10	符合要求得分		
5	左右切削刃平直	10×2	符合要求得分		
6	外观及刀头长度尺寸	10	符合要求得分		
7	文明安全操作		违章扣分		

(二)车削方法

三角形螺纹的特点:螺距小、一般螺纹长度较短.其基本要求是,螺纹轴向剖面牙型角必须正确、两侧面表面粗糙度小;中径尺寸符合精度要求;螺纹与工件轴线保持同轴.

1.螺纹车刀的装夹

(1)装夹车刀时,刀尖位置一般应对准工件旋转中心(可根据尾座顶尖高度检查).

(2)车刀刀尖角的对称中心线必须与工件轴线垂直,装刀时可以用样板来对刀,如图6-10(a).如果把车刀装歪,就会产生牙型歪斜,如图6-10(b).

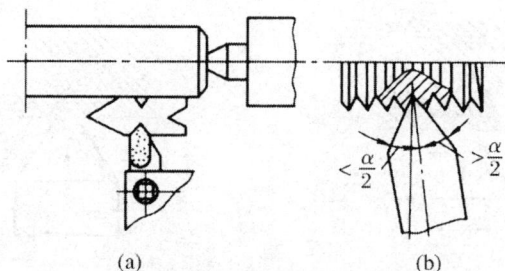

图 6-10　外螺纹车刀的位置
(a)样板对刀　(b)牙歪斜

(3)刀头伸出不要过长,一般为 20~25 mm(约为刀杆厚度的 1.5 倍).

2.车螺纹时车床的调整

变换手柄位置一般按工件螺距在进给箱铭牌上找到交换齿轮的齿数和手柄位置,并把手柄拨到所需的位置上.

3.车螺纹时的动作练习

(1)选择主轴转速为 100~200 r/min 左右,开动车床,将主轴倒、顺转数次,然后合上开合螺母,检查丝杠与开合螺母的工作情况是否正常,若有跳动和自动抬闸现象,必须消除.

(2)空刀练习车螺纹的动作,选螺距 2 mm,长度为 25 mm,转速 165~200 r/min.开车练习开合螺母的分合动作,先退刀,后提开合螺母(间隔瞬时),动作协调.

(3)试切螺纹,在外圆上根据螺纹长度,用刀尖对准,开车并径向进给,使车刀与工件轻微接触,车出一条刻线作为螺纹终止退刀标记(图 6-11).并记住中滑板刻度盘读数,退刀,将床鞍摇至离工件端面 8 至 10 牙处,径向进给 0.05 mm 左右,调整刻度盘"0"位(以便车螺纹时掌握背吃刀量),合下开合螺母,在工件表面上车出一条有痕螺旋线,到螺纹终止线时迅速退刀,提起开合螺母(注意螺纹收尾在 2/3 圈之内),用金属直尺螺距规检查螺距(图 6-12).

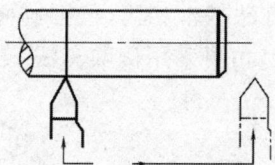

图 6-11　螺纹终止退刀标记

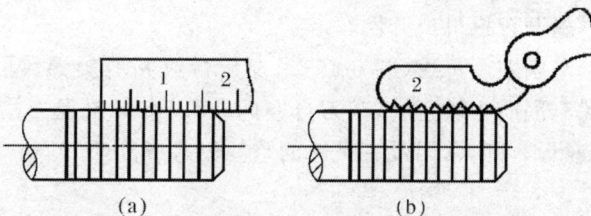

图 6-12　检查螺距
(a)金属直尺检查　(b)螺距规检查

4.螺纹的车削

(1)车无退刀槽的螺纹　采用左右切削法或斜进法(图 6-13).车螺纹时,除了用中滑板刻度控制车刀的径向进给外,同时使用小滑板的刻度,使车刀左、右微量进给,如图 6-13(a).采用左右切削法时,要合理分配切削余量.粗车时亦可采用斜进法,如图 6-13(b),顺走刀一个方向偏移.一般每边留精车余量 0.2~0.3 mm.精车时,为了使螺纹两侧面都比较光洁,当一侧面车光后,再将车刀偏移另侧面车削.两侧面均车光后,将车刀移到中间,把牙底部车光或用直进法,以保证牙底清晰.精车时采用低的切削速度($v_c < 6$ m/min)和浅的背吃刀量($a_p < 0.05$ mm).粗车时 $v_c = 10.2 \sim 15$ m/min,$a_p = 0.15 \sim 0.3$ mm.

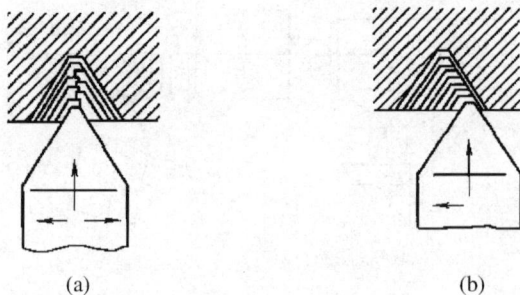

图 6-13 进给方法

(a)左右切削法 (b)斜进法

左右切削法操作较复杂,偏移的赶刀量要适当,否则会将螺纹车乱或牙顶车尖.这适用于低速切削螺距大于 2 mm 的塑性材料.由于车刀用单面切削,所以不容易产生扎刀现象.在车削过程中亦可用观察法控制左右微进给量.当排出的切屑很薄像锡箔一样时(图 6-14),车出的螺纹表面粗糙度小.

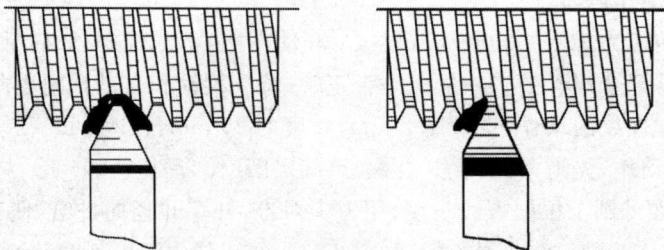

图 6-14 切屑排出情况

(2)车有退刀槽的螺纹 有很多螺纹,由于技术和工艺上的要求,须切退刀槽.退刀槽直径应小于螺纹小径(便于螺母拧过槽),槽宽约等于 2~3 个螺距.螺纹车刀移至退刀槽中即退刀,并提开合螺母或开倒车.

(3)车削左旋螺纹(图 6-15) 左旋螺纹和右旋螺纹的车削方法基本相同,但因旋向不同,因此车削时主轴正转,车刀自左向右移动.如果退刀槽比较窄时,要采用倒顺车法.若采用开合螺母车削,常因没有足够的空间而造成乱牙.

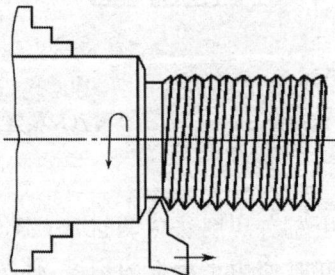

图 6-15 车左旋螺纹

(4)低速车螺纹时切削用量的选择 低速车螺纹时,要合理选择粗、精车切削用量,并要在一定的走刀次数内完成车削.低速车削时,一般选用高速钢车刀.高速车削时,要选择硬质合金材料车刀.低速切削螺距为 2~3 mm,长度 30 mm 左右的螺纹,一般在30 min内完成.

5.螺纹的测量和检查

(1)大径的测量　螺纹大径的公差较大,一般可用游标卡尺或千分尺测量.

(2)螺距的测量　螺距一般可用金属直尺测量,因为普通螺纹的螺距一般较小,在测量时,最好量 10 个螺距的长度,然后把长度除以 10,就得出一个螺距的尺寸.如果螺距较大,那么可以量 2 至 4 个螺距的长度,细牙螺纹的螺距较小,用金属直尺测量比较困难,这时可用螺距规来测量,测量时把钢片平行轴线方向嵌入牙型中,如果完全符合,则说明被测的螺距是正确的.

(3)中径的测量　精度较高的三角形螺纹,可用螺纹千分尺测量,所测得的千分尺读数就是该螺纹的中径实际尺寸.

(4)综合测量

对螺纹进行综合检验时使用的是螺纹量规和光滑极限量规(图 6-16),它们都由通规和止规组成.光滑极限量规用于检验内、外螺纹顶径尺寸的合格性;螺纹量规的通规用于检验内、外螺纹的作用中径及底径的合格性,螺纹量规的止规用于检验内、外螺纹单一中径的合格性.

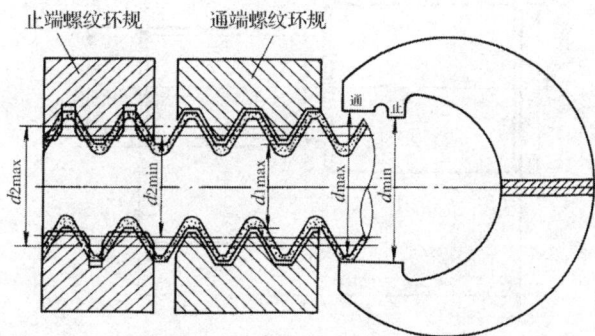

图 6-16　螺纹量规和光滑极限量规

再用螺纹环规(图 6-17)综合检查三角形外螺纹.首先应对螺纹的直径、螺距、牙型和粗糙度进行检查,然后再用螺纹环规测量外螺纹的尺寸精度.如果环规通端正好拧进去,而止端拧不进,说明螺纹精度符合要求,对精度要求不高的螺纹也可用标准螺母检查(生产中常用),以拧上工件是否顺利和松动的感觉来确定.检查有退刀槽的螺纹时,环规应通过退刀槽与台阶平面靠平.

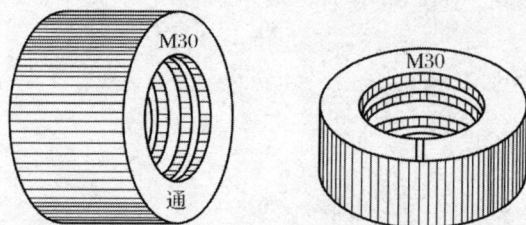

图 6-17　螺纹环规

【技能训练】

一、实训条件

实训条件见表 6-3.

表 6-3 设备、工具、材料配置

车床	工具/量具	刀具	材料
C616－B	游标卡尺、螺纹环规	外圆、端面车刀,切槽刀,螺纹刀	$\phi 50$ mm×115 mm

二、实训项目

1. 确定如图 6-18 所示实习件的加工步骤并练习加工.

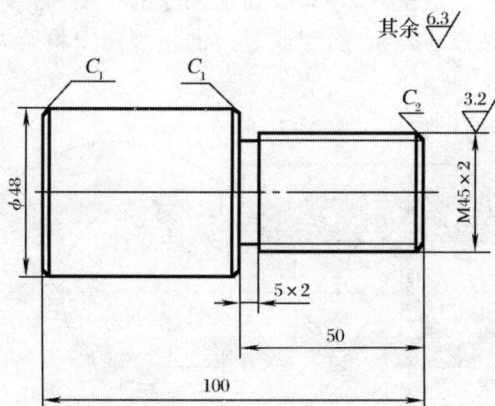

图 6-18 实习件

加工步骤:

①夹坯料外圆,伸长 60 mm 左右,找正夹紧.

②车端面,粗、精车 ϕ48 mm 外圆至尺寸要求,长 55 mm,倒角.

③调头,夹 ϕ48 mm 外圆,夹位长约 40 mm,找正夹紧.

④粗、精车螺纹大径 ϕ45 mm 至尺寸要求,长 50 mm,车槽、倒角.

⑤粗、精车三角形外螺纹 M45×2 至尺寸要求.

⑥用螺纹环规检查.

2. 按图 6-19 所示零件加工.

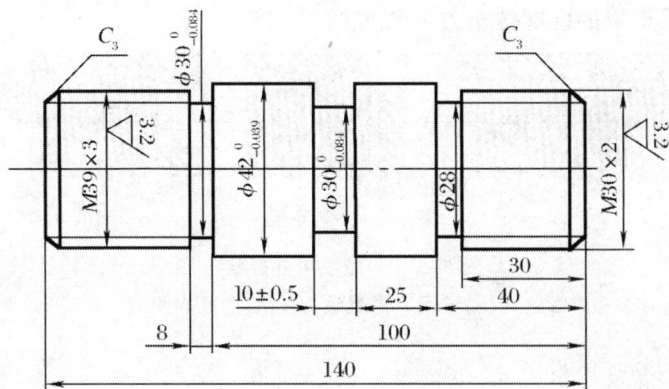

图 6-19　加工零件

三、注意事项

1. 车螺纹前要检查主轴手柄位置,用手旋转主轴(正、反),看是否过重或空转量过大.

2. 由于初学者操作不熟练,宜采用较低的切削速度,并注意在练习时思想要集中.

3. 车螺纹时,开合螺母必须闭合到位,如感到未闭合好,应立即起闭合,重新进行.

4. 车铸铁螺纹时,径向进刀不宜过大,否则会使螺纹牙尖爆裂,造成废品.

5. 车无退刀槽的螺纹时,要注意螺纹的收尾在 1/2 圈左右. 要达到这个要求,必须先退刀,后起开合螺母. 且每次退刀要一致,否则会撞掉刀尖.

6. 车螺纹应保持切削刃锋利. 如中途换刀或磨刀后,必须重新对刀,并重新调整中滑板刻度.

7. 粗车螺纹时,要留适当的精车余量.

8. 精车时,应首先用最少的进刀量车光一个侧面,把余量留给另一侧面.

9. 使用环规检查时,不能用力太大或用扳手拧,以免环规严重磨损或使工件发生移位.

10. 车螺纹时应注意不能用手去摸正在旋转的工件,更不能用棉纱去擦正在旋转的工件.

11. 车完螺纹后应提起开合螺母,并把手柄拨到纵向进刀位置,以免在开车时撞车.

任务 3　内三角形螺纹的加工

任务描述

通过本次任务的完成,掌握内三角形螺纹的常用加工方法和检测方法.

任务实施

一、相关工艺知识

三角形内螺纹工件形状常见的有三种,即通孔、不通孔和台阶孔(图 6-20).其中通孔内螺纹容易加工. 在加工内螺纹时,由于车削的方法和工件形状的不同,因此所选用的螺纹车刀也不同.工厂中最常用的内螺纹车刀见图6-21.

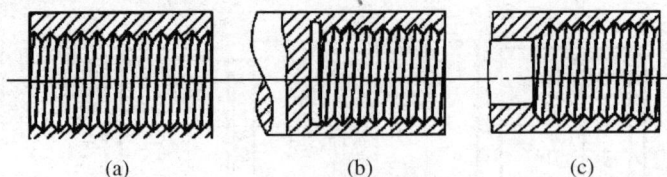

图 6-20　内螺纹工件形状

(a)通孔内螺纹　(b)不通孔内螺纹　(c)台阶孔内螺纹

1.内螺纹车刀的选择和装夹

(1)内螺纹车刀的选择　内螺纹车刀是根据它的车削方法和工件材料及形状来选择的.它的尺寸大小受到螺纹孔径尺寸限制.一般内螺纹车刀的刀头径向长度应比孔径小3～5 mm,否则退刀时要碰伤牙顶,甚至不能车削.刀杆的大小在保证排屑的前提下,要粗壮些.

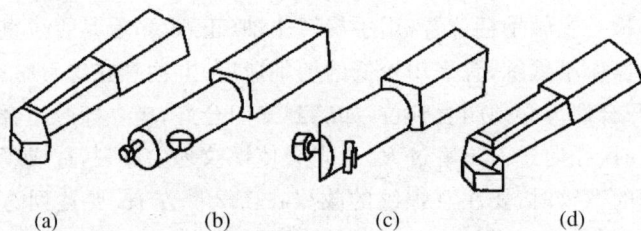

图 6-21　各种内螺纹车刀

(a)高速钢内螺纹车刀　(b)、(c)机械夹固式内螺纹车刀　(d)硬质合金内螺纹车刀

(2)车刀的刃磨和装夹　内螺纹车刀的刃磨方法与外螺纹车刀基本相同.但是刃磨刀尖角时,要特别注意它的平分线必须与刀杆垂直,否则车内螺纹时会出现刀杆碰伤工件内孔的现象(图6-22).刀尖宽度应符合要求,一般为 0.1×螺距.

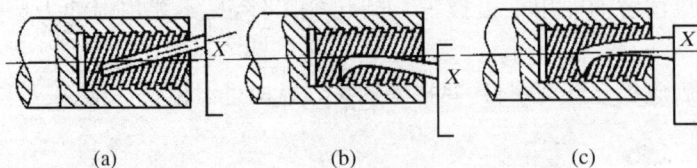

图 6-22　车刀刀尖角与刀杆位置关系

(a)偏左(不正确)　(b)偏右(不正确)　(c)垂直(正确)

在装刀时,必须严格按样板找正刀尖角,如图 6-23(a),否则车削后会出现倒牙现象.刀装好后,应在孔内摇动床鞍至终点检查是否碰撞,如图 6-23(b).

2.三角形内螺纹孔径的确定

在车内螺纹时,首先要钻孔或扩孔,孔径尺寸一般可采用下面的公式计算:

$$D_{孔} \approx d - 1.082\,5P \qquad\qquad (公式6-6)$$

其尺寸公差可查普通螺纹有关公差表.

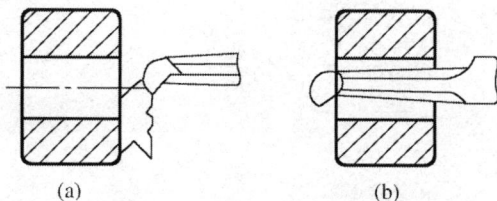

图 6-23 装夹内螺纹车刀

(a)按样板找正刀尖角 (b)摇动床鞍进行检查

例:车削 M45×2 的内螺纹,求孔径尺寸及查内螺纹小径公差表.

解:$D_{孔} \approx d - 1.082\ 5P = 45 - 1.082\ 5 \times 2 \approx 42.84_{0}^{+0.375}$

二、操作方法

1.车通孔内螺纹

(1)车内螺纹前,先把工件的内孔、平面及倒角等车好.

(2)开车空刀练习进刀、退刀动作.车内螺纹时的进刀和退刀方向与车外螺纹相反(图6-24).练习时,需在中滑板刻度圈上做好退刀和进刀记号.

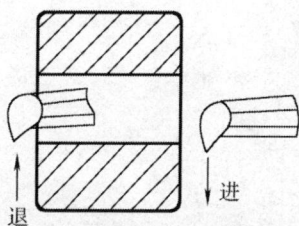

图 6-24 进刀、退刀方向

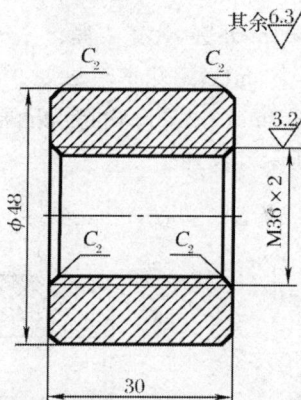

图 6-25 操作实例

(3)进刀切削方式与外螺纹相同.螺距小于 1.5 mm 或铸铁螺纹采用直进法;螺距大于 2 mm 采用左右切削法.为了减小刀杆受切削力的变形,它的大部分切削余量应先在尾座方向切削掉,后车另一面,最后车螺纹大径.车内螺纹时,目测困难,一般根据观察排屑情况进行左、右赶刀切削,并判断螺纹的表面粗糙度.

2.车不通孔或台阶孔内螺纹

(1)车退刀槽,它的直径应大于内螺纹大径,槽宽为 2~3 个螺距,并与台阶平面切平.

(2)选择图 6-21(a)、(c)类型车刀.

(3)根据螺纹长度加上 1/2 槽宽在刀杆上做好记号,作为退刀、开合螺母起闸之用.

(4)车削时,中滑板手柄的退刀和开合螺母起闸(或开倒车)的动作要迅速、准确、协调,保证刀尖到槽中退刀.

【技能训练】

一、实训条件

实训条件见表 6-4.

表 6-4　设备、工具、材料配置

车床	工具/量具	刀具	材料
C616－B	游标卡尺、螺纹量规	90°刀、内孔车刀、切刀,中心钻、麻花钻、螺纹车刀	ϕ50 mm×50 mm

二、实训项目

1.确定如图 6-25 所示实习件的加工步骤并练习加工.

加工步骤:

①夹棒料,伸出约 40 mm,找正夹紧.

②车平端面,外圆车至 ϕ48 mm,长 35 mm.

③钻孔 ϕ32 mm,长 35 mm,倒角.

④切断,长 30.5 mm.

⑤调头夹 ϕ48 mm 外圆,找正夹紧.

⑥车好总长至 30 mm,螺孔车至 ϕ33.9 mm,倒角.

⑦粗、精车 M36 mm×2 mm 内螺纹至要求.

2.按图 6-26 所示零件加工.

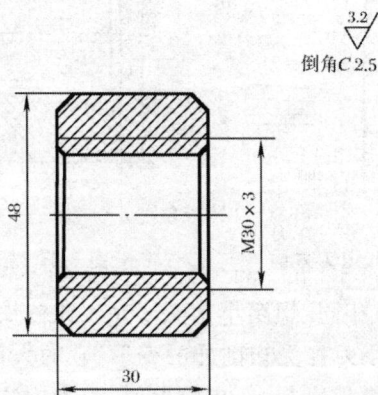

图 6-26　加工零件

三、注意事项

1.内螺纹车刀的两刃口要刃磨平直,否则会使车出的螺纹牙型侧面相应不直,影响螺纹精度.

2.车刀的刀头不能太窄,否则螺纹已车到规定深度,可中径尚未达到要求尺寸.

3.由于车刀刃磨不正确或由于装刀歪斜,会使车出的内螺纹一面正好用塞规拧进,另一面却拧不进或配合过松.

4.车刀刀尖要对准工件中心,若车刀装得高,车削时引起振动,会使工件表面产生鱼鳞斑现象;若车刀装得低,刀头下部会和工件发生摩擦,车刀切不进去.

5. 内螺纹车刀刀杆不能选择得太细,否则由于切削力的作用,引起震颤和变形,出现"扎刀"、"啃刀"、"让刀"和发出不正常的声音和振纹等现象.

6. 小滑板宜调整得紧一些,以防车削时车刀移位产生乱扣.

7. 加工不通孔内螺纹,可以在刀杆上作记号或用薄铁皮作标记,也可用床鞍刻度的刻线等来控制退刀,避免车刀碰撞工件而报废.

8. 赶刀量不宜过多,以防精车时没有余量.

9. 车内螺纹时,如发现车刀有碰撞现象,应及时对刀,以防车刀移位而损坏牙型.

10. 因"让刀"现象产生的螺纹锥形误差(检查时,只能在进口处拧进几牙),不能盲目地加大背吃刀量,这时必须采用趟刀的方法,使车刀在原来的切刀深度位置,反复车削,直至全部拧进.

11. 用螺纹塞规检查,应过端全部拧进,感觉松紧适当;止端拧不进. 检查不通孔螺纹,过端拧进的长度应达到图样要求的长度.

12. 车内螺纹过程中,当工件在旋转时,不可用手摸,更不可用棉纱去擦,以免造成事故.

任务 4 用板牙和丝锥加工螺纹

任务描述

通过本次任务的完成,掌握用板牙和丝锥加工内、外三角形螺纹的加工方法.

任务实施

对于直径和螺距较小,精度要求较低的三角形内、外螺纹可以用板牙和丝锥在车床上进行加工. 板牙和丝锥是一种成型、多刃的刀具,所以操作简单,生产效率高.

一、在车床上用板牙套螺纹

一般直径不大于 M16 或螺距小于 2 mm 的螺纹可用板牙直接套出来;直径大于 M16 的螺纹可用粗车螺纹后再套螺纹. 其切削效果以 M8~M12 为最好. 由于板牙是一种成型、多刃的刀具,所以操作简单,生产效率高.

1. 圆板牙(图 6-27)

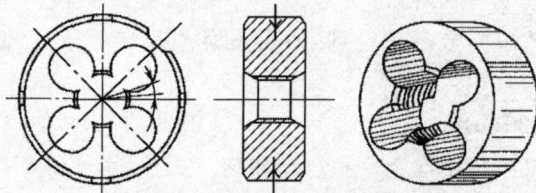

图 6-27　圆板牙

板牙大多用高速钢制成. 其两端的锥角是切削部分,因此正反都可使用. 中间具有完整齿深的一段是校准部分,也是套螺纹时的导向部分.

2. 用板牙套螺纹的方法

(1)套螺纹前的工艺要求

①先把工件外圆车至比螺纹大径的基本尺寸小些;按工件螺距和材料塑性大小决定,可在有关手册中查取.

②外圆车好后,工件的平面必须倒角.倒角要小于或等于 45°,倒角后的平面直径要小于螺纹小径,使板牙容易切入工件.

③套螺纹前必须找正尾座轴线与车床主轴轴线重合,水平方向的偏移量不得大于 0.05 mm.

④板牙装入套螺纹工具或尾座三爪自定心卡盘时,必须使其平面与主轴轴线垂直.

(2)套螺纹方法

①用套螺纹工具进行套螺纹(图 6-28).把套螺纹工具体 1 的锥柄部分装在尾座套筒锥孔内,圆板牙齿 4 装入滑动套筒 2 内,使螺钉 3 对正板牙上的锥坑后拧紧.将尾座移到离工件一定距离处(约 20 mm)紧固,转动尾座手轮,使圆板牙 4 靠近工件平面,然后开动车床的冷却泵或加切削液.转动尾座手轮使圆板牙齿 4 切入工件,这时停止手轮转动,由滑动套筒 2 在工具 1 内自动轴向进给.当板牙进到所需要的距离时,立即停机,然后开倒车,使工件反转,退出板牙.销钉 5 用来防止滑动套筒在切削时转动.

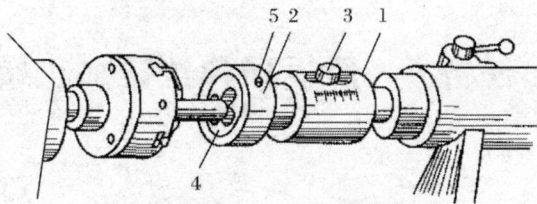

图 6-28　圆板牙套螺纹工具

②在尾座上用 100 mm 以下的三爪自定心卡盘装夹板牙套螺纹方法与上相同.但不能固定尾座,要调节好尾座与床鞍的距离,使其大于工件螺纹长度.小于 M6 的螺纹不宜用此法,因尾座的重量会使螺纹烂牙.

二、在车床上用丝锥攻内螺纹

丝锥也叫螺丝攻,用高速钢制成,是一种成型、多刃切削工具.对于直径或螺距较小的内螺纹可用丝锥直接攻出来.

1.手用丝锥,如图 6-29(a)

通常由两只或三只组成一套,俗称头锥、二锥、三锥.在攻螺纹时为了依次使用丝锥,可根据在切削部分磨去齿的不同数量来区别.如头锥磨去五到七牙,二锥磨去三到五牙,三锥差不多没有磨去.

2.机用丝锥,如图 6-29(b)

一般在车床上攻螺纹用机用丝锥一次攻制成型.它与手用丝锥相似,只是在柄部多一条环形槽,用以防止丝锥从夹头中脱落.

(a)　　　　　　　　　　(b)

图 6-29　丝锥

(a)手用丝锥　　　(b)机用丝锥

3.攻螺纹前的工艺要求

（1）攻螺纹前孔径的确定：攻螺纹时的孔径必须比螺纹小径稍大一点，这样能减小切削抗力和避免丝锥断裂，普通螺纹攻螺纹前的钻孔直径可按下列近似公式计算.

加工钢件及塑性材料：

$$D_{孔}=D-P \qquad\qquad （公式6-7）$$

加工铸铁及脆性材料：

$$D_{孔}\approx D-1.1P \qquad\qquad （公式6-8）$$

式中：

$D_{孔}$——攻螺纹前的钻孔直径，mm；

D——内螺纹大径，mm；

P——螺距，mm.

（2）攻制不通孔螺纹的钻孔深度计算：攻不通孔螺纹时，由于切削刃部分不能攻制出完整的螺纹，所以钻孔深度要等于需要的螺纹深度加丝锥切削刃的长度（约为螺纹大径的0.7倍），即钻孔深度≈需要的螺纹深度+0.7D.

（3）孔中倒角：用60°锪钻在孔口倒角，其直径大于螺纹大径尺寸，亦可用车刀倒角.

4.攻螺纹的方法

在车床上攻螺纹，先找正尾座轴线与主轴轴线重合.小于M16的内螺纹，钻孔、倒角后直接用丝锥攻出一次成型.如攻螺距较大的三角形内螺纹，可钻孔后先用内螺纹车刀粗车螺纹，再用丝锥攻螺纹；也可以采用分锥切削法，即先用头锥，再用二锥和三锥分三次切削.

用攻螺纹工具（图6-30）在车床上攻螺纹的方法是把其装在尾座锥孔内，同时把机用丝锥装进螺纹工具方孔中，移动尾座向工件靠近并固定，根据螺纹所需长度在攻螺纹工具上做好标记，然后开车，转动尾座手轮使丝锥在孔中切进头几牙，这时手轮可停止转动，让螺纹工具自动跟随丝锥前进直到需要的尺寸，即开倒车退出丝锥.

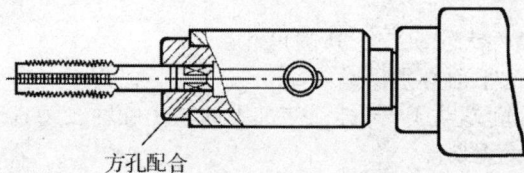

方孔配合

图6-30 车床攻螺纹工具

攻螺纹时切削速度的选择：钢件：3～15 m/min，铸铁、青铜件：6～24 m/min.

【技能训练】

一、实训条件

实训条件见表6-5.

表6-5 设备、工具、材料配置

车床	工具/量具	刀具	材料
C616－B	游标卡尺、螺纹量规	外圆、内孔、端面车刀，切槽刀，中心钻、麻花钻、M36螺纹丝锥头锥、二锥	ϕ50 mm×50 mm

二、实训项目

1.确定如图 6-31 所示实习件的加工步骤并练习加工.

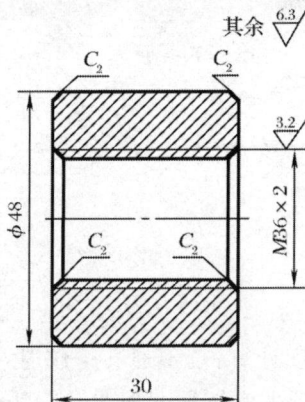

图 6-31　实习件

加工步骤：

①夹棒料,伸出约 40 mm,找正夹紧.
②车平端面,外圆车至 φ48 mm,长 35 mm.
③钻孔 φ32 mm,长 35 mm,倒角.
④切断,长 30.5 mm.
⑤调头夹 φ48 mm 外圆,找正夹紧.
⑥车好总长至 30 mm,螺孔车至 φ34 mm,倒角.
⑦粗、精攻 M36×2 内螺纹至要求.

三、注意事项

1.工件螺距和材料塑性大小决定于外圆尺寸.
2.外圆车好后,工件的平面必须倒角.
3.套螺纹前板牙装入套螺纹工具,必须使其平面与主轴轴线垂直.
4.装夹丝锥时,应防止歪斜.
5.攻螺纹时应充分加注切削液.
6.攻不通孔螺纹时,必须在攻螺纹工具上标记好螺纹长度尺寸,以防折断丝锥.
7.在用一套丝锥攻螺纹时,一定要按顺序用,在换用下一个丝锥时必须清除孔中切屑.
8.最好采用有浮动装置的攻螺纹工具.

任务 5　梯形螺纹的加工

任务描述

　通过本次任务的完成,掌握梯形螺纹的术语、几何尺寸计算、常用加工方法和检测方法.

任务实施

　梯形螺纹一般作传动用,精度高,如车床上的长丝杠和中、小滑板的丝杠等.其轴向剖面形状是一个等腰梯形.

一、相关工艺知识

1. 梯形螺纹的一般技术要求

(1)螺纹中径必须与基准轴颈同轴,其大径尺寸应小于基本尺寸.

(2)车梯形螺纹必须保证中径尺寸公差(梯形螺纹以中径配合定心).

(3)螺纹的牙型角要正确.

(4)螺纹两侧面表面粗糙度值较小.

2. 梯形螺纹各部分尺寸计算

国家标准规定梯形螺纹的牙型角为 30°,英制梯形螺纹(其牙型角为 29°)在我国较少采用.因此,只介绍 30°牙型角的梯形螺纹.

30°牙型角的梯形螺纹(以下简称梯形螺纹)的代号用字母"T_r"及公称直径×螺距表示,单位均为 mm,左旋螺纹需在尺寸规格之后加注"LH",右旋则不注出.例如 $T_r 36×6$;$T_r 44×8LH$ 等.梯形螺纹的牙型见图 6-32,表 6-6.

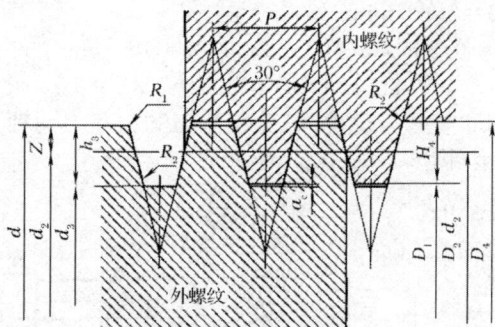

图 6-32　梯形螺纹牙型

梯形螺纹各基本尺寸的名称、代号及计算公式见下表.

表 6-6　梯形螺纹各部分尺寸计算

名　称		代　号	计算公式			
牙型角		α	$\alpha = 30°$			
螺距		P	由螺纹标准确定			
牙顶间隙		a_c	P	1.5～5	6～12	14～44
			a_c	0.25	0.5	1
外螺纹	大径	d	公称直径			
	中径	d_2	$d_2 = d - 0.5P$			
	小径	d_3	$D_3 = d - 2h_3$			
	牙高	h_3	$h_3 = 0.5P + a_c$			
内螺纹	大径	D_4	$D_4 = d + 2a_c$			
	中径	D_2	$D_2 = d_2$			
	小径	D_1	$D_1 = d - P$			
	牙高	H_4	$H_4 = h_3$			

名　称	代　号	计算公式
牙顶宽	f、f'	f、$f'=0.366P$
牙槽底宽	W、W'	W、$W'=0.366P-0.536ac$

下面是梯形螺纹基本尺寸计算实例.

例:试计算 $T_r28\times5$ 内、外螺纹的各基本尺寸和螺纹升角 φ.

解:已知 $d=28$ mm,$P=5$ mm　　$ac=0.25$ mm

$h_3=0.5P+ac=2.5$ mm$+0.25$ mm$=2.75$ mm

$H_a=h_3=275$ mm

$d_2=D_2=d-0.5P=28-0.5\times5=25.5$ mm

$d_3=d-2h_3=28-2\times2.75=22.5$ mm

$D_1=d-P=28-5=23$ mm

$D_4=d+2ac=28+2\times0.25=28.5$ mm

$F=0.366P=0.366\times5=1.83$ mm

$W=0.366P-0.536ac=0.366\times5-0.536\times0.25=1.7$ mm

$\tan\varphi=P/(\pi d_2)=5\div(3.14\times25.5)=0.063$　　$\varphi=3°33'$

3.梯形螺纹车刀的几何角度和刃磨要求(分粗车刀和精车刀两种)

(1)梯形螺纹车刀的角度(图6-33)

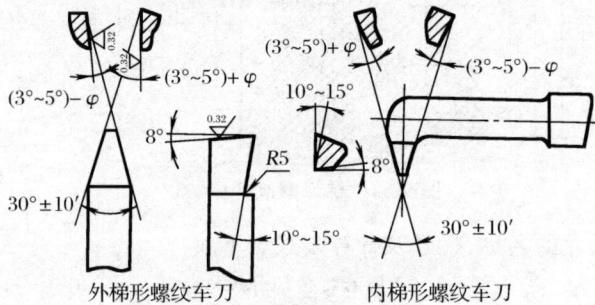

图6-33　梯形螺纹车刀的角度

①两刃夹角:粗车刀应小于螺纹牙型角,精车刀应等于螺纹牙型角.

②刀头宽度:粗车刀的刀头宽度应为1/3螺距宽,精车刀的刀头宽度应等于牙底槽宽减0.05 mm.

③纵向前角:粗车一般为15°左右,精车刀为了保证牙型角正确,前角就等于0°,但实际生产时取5°.

④纵向后角:一般为6°～8°.

⑤两侧切削刃后角:$\alpha_左=(3°～5°)+\varphi$　　$\alpha_右=(3°～5°)-\varphi$

(2)螺纹车刀的刃磨要求

①用样板(图6-34)校对刃磨两切削刃夹角.

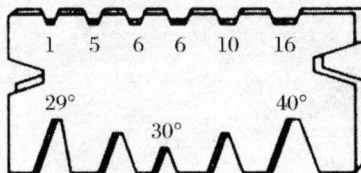

图6-34　梯形螺纹车刀样板

②由纵向前角的两刃夹角进行修正.

③车刀刃口要光滑、平直、无爆口(虚刀),两侧副切削刃必须对称,刃头不歪斜.

④用磨石研磨掉各切削刃的毛刺.

二、外梯形螺纹的车削

1.车刀的装夹

(1)车刀主切削刃必须与工件轴线等高(用弹性刀杆应高于轴线约 0.2 mm),同时应和工件轴线平行.

(2)刀头的角平分线要垂直于工件轴线.用样板找正装夹,以免产生螺纹半角误差(图 6-35).

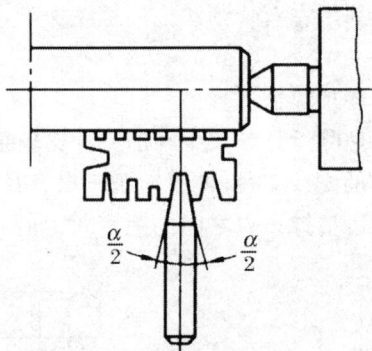

图 6-35　梯形螺纹车刀的装夹

2.工件的装夹

一般采用两顶尖或一夹一顶装夹.粗车较大螺距时,可采用四爪单动卡盘一夹一顶,以保证装夹牢固,同时使工件的一个台阶靠住卡爪平面(或用轴向撞头限位),固定工件的轴向位置,以防止因切削力过大,使工件移位而车坏螺纹.

3.车床的选择和调整

(1)挑选精度较高、磨损较少的机床.

(2)正确调整机床各处间隙,对床鞍、中、小滑板的配合部分进行检查和调整,注意控制机床主轴的轴向窜动、径向圆跳动以及丝杠轴向窜动.

(3)选用磨损较少的交换齿轮.

4.梯形螺纹的车削方法

(1)螺距小于 4 mm 和精度要求不高的工件,可用一把梯形螺纹车刀,并用左右进给法车削.

(2)螺距大于 4 mm 和精度要求高的梯形螺纹,一般采用分刀车削的方法.

①粗车、半精车梯形螺纹时,螺纹大径留 0.3 mm 左右余量,且倒角与端面成 15°.

②选用刀头宽度稍小于槽底宽的车槽刀,如图 6-36(a),粗车螺纹(每边留 0.25～0.35 mm 左右的余量).

③用梯形螺纹车刀采用左右切削法车削梯形螺纹两侧面,每边留 0.1～0.2 mm 的精车余量见图 6-36(b)、(c),并车准螺纹小径尺寸.

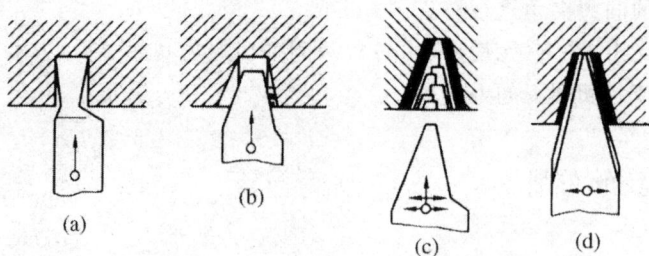

图 6-36 梯形螺纹的车削方法

(a)粗车螺纹 (b)左切削法 (c)左右切削法 (d)左右切削法精车梯形螺纹

④精车大径至图样要求(一般小于螺纹基本尺寸).

⑤选用精车梯形螺纹车刀,采用左右切削法完成螺纹加工,如图 6-36(d).

5.梯形螺纹的测量

(1)综合测量法用标准螺纹环规综合测量.

(2)三针测量法 这种方法是测量外螺纹中径的一种比较精密的方法.适用于测量一些精度要求较高,螺纹升角小于 4°的螺纹工件.测量时把三根直径相等的量针放置在螺纹相对应的螺旋槽中,用千分尺量出两边量针顶点之间的距离 M,如图 6-37 所示.

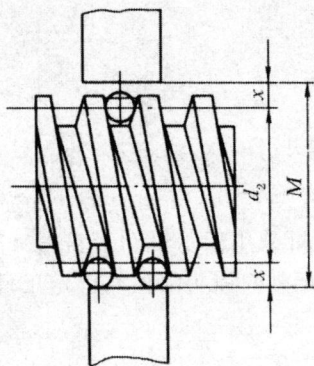

图 6-37 三针测量法

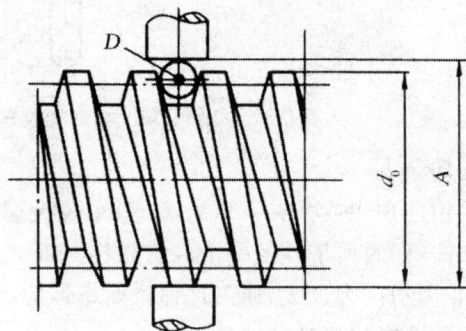

图 6-38 单针测量法

三针测量法千分尺读数 M 值及量针直径 d_0 的计算公式如下:

$$d_0 = 0.518P \qquad\qquad (公式 6-9)$$
$$M = d_2 + 4.864d_0 - 1.866P \qquad\qquad (公式 6-10)$$

式中 d_2——中径,mm; P——螺距,mm.

例:车 $T_r32 \times 6$ 梯形螺纹,用三针测量螺纹中径,求量针直径和千分尺读数值 M.

解:量针直径 $d_0 = 0.518P = 3.1$ mm

$d_2 = d - 0.5P = 32 - 0.5 \times 6 = 29$ mm

千分尺读数 $M = d_2 + 4.864d_0 - 1.866p = 29 + 4.864 \times 3.1 - 1.866 \times 6 = 32.88$ mm

测量时需考虑公差,则 $M = 32.88^{-0.118}_{-0.450}$ mm 为合格.

三针测量法采用的量针一般是专门制造的.在实际应用中,有时也用优质钢丝或钻头的柄部来代替,但与计算出的量针直径尺寸往往不相符合,这就需要认真选择.要求所代用的钢丝或钻柄直径尺寸,最大不能在放入螺旋槽时被顶在螺纹牙尖上,最小不能在放入螺旋槽时和牙底相碰,可根据下表所示的范围内进行选用(表 6-7).

车工工艺及实训

表 6-7　钢丝或钻柄的直径尺寸

螺纹牙型角 α	钢丝或钻柄最大直径	钢丝或钻柄最小直径
30°	$d_{max}=0.656P$	$d_{min}=0.487P$
40°	$d_{max}=0.779P$	$d_{min}=0.513P$

（3）单针测量法　这种方法的特点是只需使用一根测量针（如图 6-37）放置在螺旋槽中，用千分尺量出螺纹大径与量针顶点之间的距离 A.

其计算公式如下：

$$A=(M+d_n)/2 \qquad\qquad （公式 6-11）$$

式中：A——千分尺测得尺寸值；　d_n——螺纹大径实际尺寸.

例：用单针测量 $T_r32\times6$ 梯形螺纹，若量得工件实际外径 $d_n=31.80$ mm，求单针测量值 A.

解：$A=(M+d_n)/2=(32.88+31.80)/2=32.34$ mm

测量时需考虑公差，$A=32.34_{-0.225}^{-0.059}$ mm 为合格.

三、梯形内螺纹的车削

1. 梯形内螺纹孔径和刀头宽度的计算

（1）梯形螺纹孔径的计算：一般采用公式进行计算，其孔径公差可查梯形螺纹有关公差表.

例：车梯形内螺纹 $Tr32\times6$，其孔径应是多大？

解：$D_{孔}\approx d-P\approx\phi26_0^{+0.5}$ mm

（2）梯形内螺纹车刀刀头宽度的计算：刀头宽度比外梯形螺纹牙顶宽 f 稍大一些，亦可为 $0.366P_0^{+0.03\backslash\sim0.05}$ mm.

2. 车刀和刀杆的选择及装夹

（1）刀杆尺寸根据工件内孔尺寸选择，孔径较小采用整体式内螺纹车刀；一般采用刀杆式，能承受较大切削力. 其几何角度、刀具材料与梯形外螺纹车刀相同. 梯形内螺纹车刀一般磨有前角（车铸铁梯形内螺纹车刀除外）.

（2）梯形内螺纹车刀的装夹基本上与车三角形内螺纹时相同. 车制配对的螺母时，保证车出的螺母与螺杆牙型角一致，采用专用样板（图 6-39），要以样板的基准面靠紧工件的外圆表面来找正车刀的正确位置.

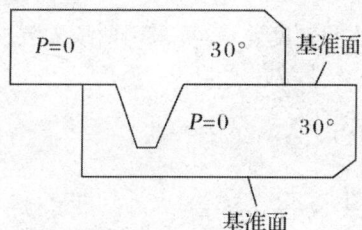

图 6-39　梯形螺纹专用样板

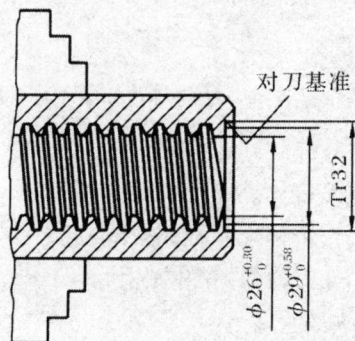

图 6-40　车梯形螺母

3. 梯形内螺纹的车削方法　基本与车三角形内螺纹相同. 车梯形内螺纹时，进刀深度不易掌握，可先车准螺纹孔径尺寸，然后在平面上车出一个轴深 1~2 mm 孔径等于螺纹基本尺寸(大径)的内台阶作为对刀基准.粗车时,保证车刀刀尖和对刀基准有 0.10～0.15 mm 的间隙.精车时使刀尖逐渐与对刀基准接触.调整中滑板刻度值至零位,再以刻度值零位为基准,不进刀车削 2～3 次,以消除刀杆的弹性变形,保证螺母的精度要求(图 6-40).

【技能训练】

一、实训条件

实训条件见表 6-8.

表 6-8　设备、工具、材料配置

车床	工具/量具	刀具	材料
C616－B	游标卡尺、三针、螺纹中径千分尺	外圆、内孔、端面车刀,切刀、麻花钻、内外梯形螺纹车刀	ϕ50 mm×180 mm、ϕ65 mm×50 mm

二、实训项目

1. 确定如图 6-41 所示梯形外螺纹实习件的加工步骤并练习加工.

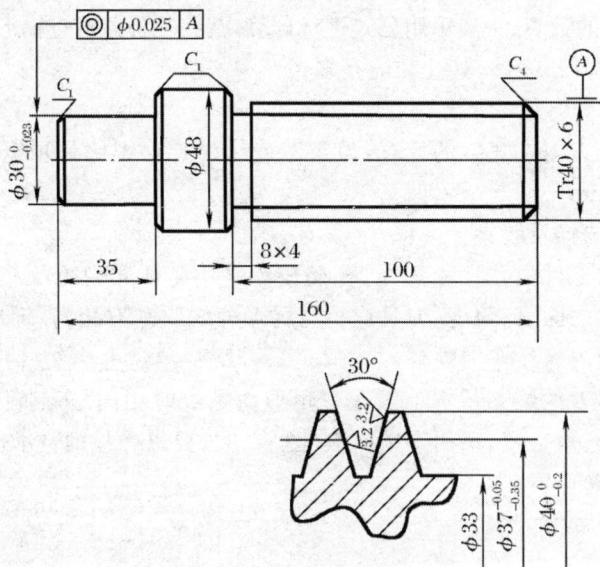

图 6-41　梯形外螺纹实习件

(1)工艺分析　为保证 $\phi30_{-0.023}^{0}$ mm 对 Tr40×6 的同轴度要求,可采用两顶尖装夹工件.

(2)加工步骤

①夹工件外圆,车平面,钻中心孔.

②调头,车好总长,钻中心孔.

③两顶尖装夹.

④粗车 ϕ30 mm 外圆为 ϕ33 mm,长 34 mm,车好 ϕ48 mm 外圆.

⑤调头车梯形螺纹外圆为 ϕ40.3 mm,长 100 mm,车槽 8×4 mm 至要求,倒角.

⑥粗车 Tr40×6 梯形螺纹.

⑦精车梯形螺纹外圆至尺寸要求.

⑧精车 $T_r40\times6$ 梯形螺纹至尺寸要求.

⑨调头,精车 $\phi30^{0}_{-0.023}$ mm 外圆至尺寸要求,倒角.

2.确定如图 6-42 所示梯形内螺纹实习件的加工步骤并练习加工.

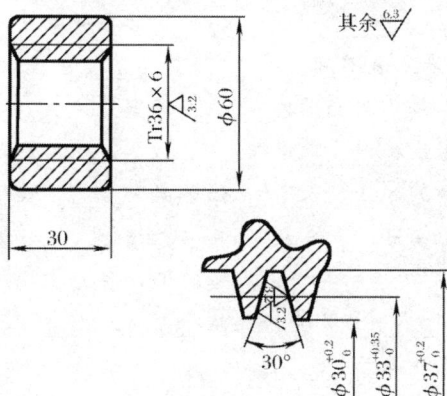

图 6-42　梯形螺母实习件

加工步骤:

①车好 $\phi60$ mm 外,钻孔 $\phi32$ mm,倒角.

②切断,长度为 31mm.

③夹 $\phi60$ mm 外圆,车好长度 30 mm,倒角.

④车孔到 $\phi34$ 至要求,倒角.

⑤粗、精车 $T_r36\times6$ 梯形内螺纹至尺寸要求.

三、注意事项

1.梯形螺纹车刀两侧副切削刃应平直,否则工件牙型角不正;精车时切削刃应保持锋利,要求螺纹两侧表面粗糙度要低.

2.调整小滑板的松紧,以防车削时车刀移位.

3.鸡心夹头或对分夹头应夹紧工件,否则车梯形螺纹时工件容易产生移位而损坏.

4.车梯形螺纹中途复装工件时,应保持拨杆原位,以防乱牙.

5.工件在精车前,最好重新修正顶尖孔,以保证同轴度.

6.在外圆上去毛刺时,最好把砂布垫在锉刀下进行.

7.不准在开车时用棉纱擦工件,以防出危险.

8.车削时,为了防止因溜板箱手轮回转时不平衡,床鞍移动时产生窜动,可去掉手柄.

9.车梯形螺纹时以防"扎刀",建议用弹性刀杆.

✵思考与练习

一、填空.

1.在圆柱表面上,沿着_____所形成的、具有的连续凸起的沟槽称为螺纹.

2.在圆柱表面上形成的螺纹称为_____;在圆锥表面上形成的螺纹称为_____.

3.当工件旋转时,车刀沿_____方向作等速移动即可形成_____,经_____后便成螺纹.

4.螺纹牙型是通过_____的剖面上,螺纹的轮廓形状.

5. 牙型角是在螺纹牙型上,相邻_____间的夹角.

6. 螺纹按螺旋线方向可分为_____和_____.

7. 相邻两牙在中径线上对应两点间的_____叫螺距.

8. 螺纹升角是在中径圆柱上_____与_____的平面之间的夹角.

9. 三角形螺纹因其规格及用途不同,分_____、_____、管螺纹三种.

10. 普通螺纹是我国应用最广泛的一种_____,牙型角为_____.

11. 普通螺纹分_____螺纹和_____螺纹.

12. 左旋螺纹在代号末尾加注_____字,未注明的为_____螺纹.

13. 粗牙普通螺纹代号用字母_____及_____表示.

14. 英制螺纹在我国_____,只有在_____维修旧设备时应用.

15. 英制螺纹牙型角为_____,公称直径是指_____.

16. 螺纹车刀的刀尖角应该等于_____.

17. 螺纹车刀左右切削刃必须是_____,无崩刃.

18. 内螺纹车刀刀尖角_____必须与_____.

19. 磨刀时必须戴好_____,注意安全操作.

20. 刃磨螺纹刀时应保证_____对称、平直,用_____精磨各刃面及刀尖.

21. 装夹螺纹车刀时车刀刀尖角的对称_____必须与_____垂直.

22. 螺纹退刀槽直径应小于_____,槽宽约等于_____个螺距.

23. 低速车螺纹时,要合理选择粗、精车_____,并要在一定的_____内完成车削.

24. 精度较高的三角形螺纹,可用_____测量,所测得的_____就是该螺纹的中径实际尺寸.

25. 一般直径不大于 M16 或螺距小于_____的螺纹可用_____直接套出来.

26. 板牙是一种_____、多刃的刀具,用_____制成.

27. 套螺纹前必须找正_____与_____轴线重合,水平方向的_____不得大于 0.05 mm.

28. 内螺纹车刀是根据它的_____和_____及形状来选择的,它的尺寸大小受到螺纹_____尺寸限制.

29. 一般内螺纹车刀刀头径向长度应比孔径小_____.

30. 用螺纹塞规检查内螺纹,过端应_____,感觉_____;止端拧不进.

31. 车内螺纹过程中,当工件在旋转时,不可_____,更不可_____,以免造成事故.

32. 车内螺纹时,如发现车刀有_____,应及时对刀,以防_____而损坏牙型.

33. 丝锥也叫_____,用_____制成,是一种_____、_____的切削工具.

34. 圆锥管螺纹车削和普通螺纹相同,所不同的主要是解决_____问题.

35. 梯形螺纹的轴向剖面形状是一个_____.

36. 米制梯形螺纹牙型角为_____.英制梯形螺纹牙型角为_____.

37. 三针测量法是测量梯形外螺纹_____的一种_____的方法.

38. 螺距大于 4 mm 和_____的梯形螺纹,一般采用_____的方法.

39. 梯形螺纹车刀装夹时,刀头的角平分线要垂直于_____,用样板找正,以免产生_____误差.

二、判断.

1.在圆柱表面上,沿着螺旋线所形成的具有相同剖面的连续凸起的沟槽称为螺纹.(   )

2.在圆柱表面上形成的螺纹称圆锥螺纹,在圆锥表面上形成的螺纹称圆柱螺纹.(   )

3.在螺纹牙型上,相邻两牙侧间的夹角称牙型角.(   )

4.螺纹公称直径是螺纹尺寸的底径,指螺纹小径的基本尺寸.(   )

5.在中径圆柱上,螺旋线的切线与垂直于螺纹轴线的平面之间的夹角称牙型角.(   )

6.英制螺纹牙型角为55°,公称直径是指内螺纹大径,用英寸表示.(   )

7.三角形螺纹刀尖角等于牙型角,普通螺纹为55°,英制螺纹为60°.(   )

8.精度较高的三角形螺纹,可用千分尺测量其中径尺寸.(   )

9.对于精度不高的螺纹可以用标准螺母检查,以拧上工件是否顺利和松动感觉确定.(   )

10.板牙是用硬质合金材料制成,其两端的锥角是切削部分,因此正反都可使用.(   )

11.套螺纹前先把工件外圆车至比螺纹大径的基本尺寸稍大些.(   )

12.套螺纹前必须找正尾座轴线与车床轴线重合,水平方向偏移量不大于0.05 mm.(   )

13.内螺纹车刀是根据它的车削方法和工件材料及形状来选择的,尺寸大小受孔径尺寸限制.(   )

14.内螺纹加工时退刀槽的直径等于螺纹的中径.(   )

15.车内螺纹时,小滑板宜调整得紧一些,以防车削时车刀移位产生乱扣.(   )

16.管螺纹分圆柱管螺纹和圆锥管螺纹,是一种英制式细牙螺纹.(   )

17.管螺纹的基本尺寸是管子孔径.(   )

18.梯形螺纹的轴向剖面形状是一个等腰三角形.(   )

19.米制梯形螺纹的牙型角为29°,英制梯形螺纹牙型角为30°.(   )

20.梯形螺纹的代号用字母"T,"及公称直径×螺距表示.(   )

21.梯形螺纹车刀安装时刀头的角平分线要平行于工件轴线.(   )

22.用三针测量法测量梯形外螺纹中径是一种比较精密的方法.(   )

23.三针测量的量针是专门制造的,在实际应用中,也可用优质钢丝或钻头的柄部代替.(   )

24.天气较冷时,为了操作灵活可以戴纱手套操作车床.(   )

25.在砂轮机上刃磨车刀时注意不能过于用力,以防止事故发生.(   )

26.操作中需要变换转速时,可以不停机直接扳动手柄即可.(   )

27.车削螺距较大的梯形螺纹,可以采用直进法车出.(   )

28.左旋梯形螺纹需在尺寸规格之后加注"LH",右旋则不注出.(   )

29.车梯形螺纹时必须保证中径尺寸公差.(   )

30.相邻两牙在中径线上对应的两点间的轴向距离叫螺距.(   )

三、简答.

1.什么叫螺纹?

2.什么叫螺纹牙型及牙型角?

3. 什么叫螺距?

4. 三角形螺纹有哪些种类?

5. 什么是英制三角形螺纹?

6. 简述三角形螺纹车刀的刃磨要求.

7. 螺纹车刀刀头角如何检查?

8. 简述螺纹车刀刃磨时的技术要求.

9. 三角形螺纹的特点及基本要求是什么?

10. 车螺纹时切削用量如何选择?

11. 对于精度较高的三角形螺纹如何测量?

12. 板牙是什么材料制成的,它的作用是什么?

13. 如何选择内螺纹车刀?

14. 简述丝锥及其作用.

15. 攻螺纹前孔径的确定及计算方法是什么?

16. 简述攻螺纹容易产生的问题及注意事项.

17. 简述管螺纹的种类.

18. 梯形螺纹的基本形状与作用是什么?

19. 梯形螺纹的技术要求有哪几方面?

20. 梯形内螺纹车刀刀头宽度如何计算?

四、计算.

1. 试计算 $M30 \times 2.5$ 螺纹的中径 d_2 及小径 d_1 的基本尺寸.

2. 试计算 $T_r 36 \times 6$ 梯形外螺纹的中径 d_2、小径 d_3 及牙顶宽 f、牙槽底宽 W、牙高 h_3.(间隙 $= 0.25$ mm)

3. 车 $T_r 36 \times 6$ 梯形螺纹,用三针测量螺纹 Z_p 中径,求量针直径和千分尺读数 M.(中径 $\phi 33$ mm).

4. 用单针测量 $T_r 36 \times 6$ 的梯形螺纹,如果量得工件实际外径 $d_n = 35.80$ mm,求单针测量值 A.(注:设三针测量时的 M 值为 36.88 mm)

5. 在塑性材料上攻制 $M12$ 和铸铁材料上攻制 $M20$ 螺纹,它们攻螺纹时钻孔直径各是多少?

项目七 综合实训

任务 1 综合练习一

任务描述

通过本次任务的完成,了解轴套类零件的加工原则和步骤;能初步确定轴套类零件的加工工艺;进一步巩固、熟练、提高外圆、台阶、沟槽等车削的操作技能.

任务实施

在生产过程中,常把合理的工艺过程中的各项内容,编写成文件来指导生产.这类规定产品或零部件制造工艺过程和操作方法等的工艺文件叫工艺规程(或称工艺文件).工艺规程制定得是否合理,直接影响工件的质量、劳动生产率和经济效益.一个零件可以用几种不同的加工方法制造,但在一定的条件下,只有某一种方法是较合理的.因此,在制定工艺规程时,必须从实际出发,根据设备条件、生产类型等具体情况,尽量采用先进的加工方法,制定出合理的工艺规程.

一、加工阶段的划分

当工件质量要求较高时,往往需要把工件整个加工过程划分成几个阶段.划分阶段的主要目的是:保证工件质量、合理使用机床、及时发现毛坯缺陷及适应热处理工序的需要.工艺路线一般可分为粗加工、半精加工、精加工等三个阶段.当工件的精度和表面质量要求很高时,还要增加一个光整加工阶段(或称超精加工阶段).而对工件要求较低时,可省去精加工阶段.

粗加工阶段的任务是高效率地切去各表面的大部分加工余量;半精加工阶段的任务是使各次要表面达到图样要求,并为各主要表面作精加工准备;精加工阶段的任务是使工件位置、尺寸精度及表面粗糙度达到图样设计要求.

二、轴类零件车削工艺

一般主轴类零件的加工工艺路线为:

下料→锻造→退火(正火)→粗加工→调质→半精加工→淬火→粗磨→低温时效→精磨.

例如图 7-1 所示的传动轴,由外圆、轴肩、螺纹及螺纹退刀槽、砂轮越程槽等组成.中间一挡外圆及轴肩一端面对两端轴颈有较高的位置精度要求,且外圆的表面粗糙度 Ra 值为 $0.8 \sim 0.4\ \mu m$,此外,该传动轴与一般重要的轴类零件一样,为了获得良好的综合力学性能,需要进行调质处理.

轴类零件中,对于光轴或在直径相差不大的台阶轴,多采用圆钢为坯料;对于直径相差悬殊的台阶轴,采用锻件可节省材料和减少机加工工时.因该轴各外圆直径尺寸差距不大,且数量为 2 件,可选择 ϕ55 mm 的圆钢为毛坯.

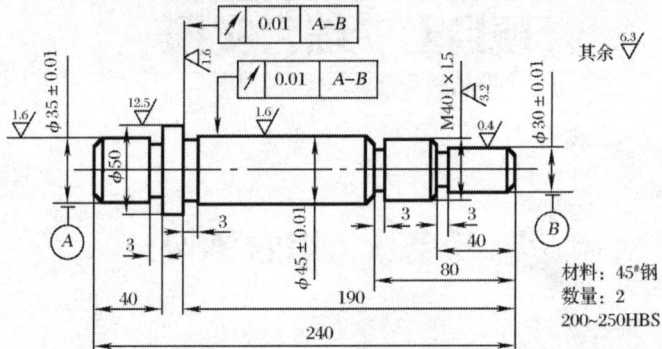

图 7-1　传动轴

根据传动轴的精度要求和力学性能要求,可确定加工顺序为:粗车——调质——半精车——磨削.

由于粗车时加工余量多,切削力较大,且粗车时各加工面的位置精度要求低,故采用一夹一顶安装工件.如车床上主轴孔较小,粗车 ϕ35 mm 一端时也可只用三爪自定心卡盘装夹粗车后的 ϕ45 mm 外圆;半精车时,为保证各加工面的位置精度,以及与磨削采用统一的定位基准,减少重复定位误差,使磨削余量均匀,保证磨削加工质量,故采用两顶尖安装工件.

三、盘套类零件车削工艺

盘套类零件主要由孔、外圆与端面所组成.除尺寸精度、表面粗糙度有要求外,其外圆对孔有径向圆跳动的要求,端面对孔有端面圆跳动的要求.保证径向圆跳动和端面圆跳动是制定盘套类零件的工艺要重点考虑的问题.在工艺上一般分粗车和精车.精车时,尽可能把有位置精度要求的外圆、孔、端面在一次安装中全部加工完.若有位置精度要求的表面不可能在一次安装中完成时,通常先把孔作出,然后以孔定位上心轴加工外圆或端面(有条件也可在平面磨床上磨削端面).

【技能实训】

一、实训条件

实训条件见表 7-1.

表 7-1　实训条件

项目	名称
刀具	外圆车刀、端面车刀、沟槽车刀、三角螺纹车刀等
量具	螺纹角度样板、钢尺、螺距规、千分尺、游标卡尺
设备	普通车床

二、实训项目

1. 加工图样及相关说明见图 7-2.

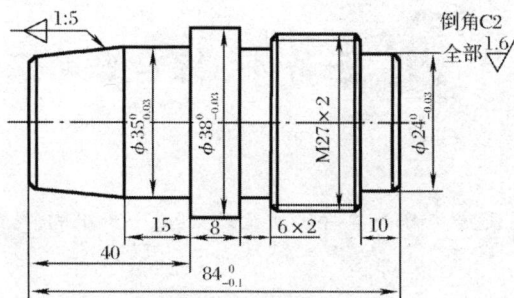

训练件	材料	材料来源	件数
调节轴	45# 钢	$\phi400 \times 88$mm	1

图 7-2　调节轴

2. 加工步骤见表 7-2.　　　表 7-2　加工步骤

步骤	操作说明	图示
1	(1)在三爪卡盘上夹住 $\phi45$ mm 毛坯外圆,伸出 55 mm (2)车端面,车平即可 (3)粗精车外圆 $\phi29 \times 35$ mm (4)粗精车外圆 $\phi26 \times 9$ mm	
2	(1)调头夹住 $\phi28$ mm 外圆,伸出 55 mm (2)车端面取总长 $84^{0}_{-0.1}$ mm (3)粗精车外圆 $\phi38+0.5$ mm (4)粗精车外圆 $\phi35+0.5$ mm (5)粗精车外圆 $\phi38^{0}_{-0.03} \times 8$ mm (6)粗精车外圆 $\phi35^{0}_{-0.03} \times 40$ mm (7)粗精车锥度 1:5 (8)倒角	
3	(1)调头夹住 $\phi35 \times 20$ mm 外圆(用铜皮包住) (2)精车外圆 $\phi27$ mm 外圆,保证 $\phi38$ mm 外圆的长度 (3)精车外圆 $\phi24^{0}_{-0.03} \times 10$ mm (4)切槽 6×2 mm (5)倒角至图纸要求 (6)粗、精车 M27×2 螺纹	

三、注意事项

1. 工件车削必须粗、精加工分开,以防工件变形.

2.装夹必须可靠,不能过紧或过松,过紧工件产生弯曲,过松易产生不安全因素.

3.切削用量选择要合理,并要注意切削过程中的刀具磨损情况.

4.出屑不能用手直接清除,加工中手不能触摸工件.

任务 2　综合练习二

通过本次任务的完成,学会车削工件的质量分析;进一步巩固、熟练、提高车削的操作技能.

一、轴类工件车削质量分析

1.毛坯车出废品的主要原因和预防措施

(1)毛坯加工余量不够　车削前,必须检查毛坯是否有足够的加工余量.

(2)工件弯曲没有矫直　长棒料必须矫直后才能加工.

(3)工件装夹在卡盘上没有校正　工件装夹上卡盘后,必须校正外圆和端面.

(4)中心孔位置不正确　用两顶尖或一夹一顶装夹工件时,中心孔的位置应保证有加工余量.

2.尺寸精度达不到规定要求的主要原因和预防措施

(1)操作者粗心大意,看错图样或刻度盘使用不当.车削时,必须看清图样上的尺寸和有关的技术要求,正确使用刻度盘,看清格数.

(2)车削时盲目吃刀,没有进行试切削.应根据加工余量算出背吃刀量,进行试切削,然后修正背吃刀量.

(3)量具本身有误差或测量不正确.量具使用前,必须仔细检查和调整零位,正确掌握测量方法.

(4)由于切削热的影响,使工件尺寸发生变化.不能在工件温度较高时测量工件尺寸.如一定要测量,应先掌握工件的收缩情况,或在车削时浇注切削液,降低工件的温度.

3.工件产生锥度的主要原因和预防措施

(1)用一夹一顶或两顶尖安装工件时,后顶尖与主轴轴线不同轴.车削前,必须首先校正锥度.

(2)用小滑板车外圆时产生锥度,小滑板的位置不正.使用小滑板车外圆时,必须事先检查小滑板上的刻线是否跟中滑板刻线的"0"线对准;可采用指示表进行校正.

(3)用卡盘安装工件纵向进给车削时,产生锥度.这是由于导轨与车床主轴轴线平行度超差,调整车床导轨跟车床主轴轴线的平行度.

(4)工件安装时悬臂较长,车削时因切削力影响使前端让开,产生锥度的伸出长度,或另一端用顶尖支顶,以增加安装刚性.

(5)刀具中途逐渐磨钝.选用合适的刀具材料,或适当降低切削速度.

4.工件圆度超差的主要原因和预防措施

(1)车床主轴间隙太大　车削前,检查主轴间隙,并调整合适,如主轴因磨损太多而使间

车工工艺及实训

隙过大,则需修理主轴和轴承;由机修人员完成调整.

(2)毛坯余量不均匀　在切削过程背吃刀量发生变化,切削分粗、精车进行,增加进给次数.

(3)工件用两顶安装时,两顶尖孔接触不良　工件在两顶尖间安装必须松紧适当.发现回转顶尖,顶尖顶得不紧,以及所使用的回转顶尖产生扭动,须及时修理或更换.

(4)前顶尖跳动　更换前顶尖或把前顶尖锥面车一刀然后再安装工件.

5.表面粗糙度达不到要求的主要原因和预防措施

(1)车床刚性不足　如滑板镶条过松,传动零件如带轮不平衡或主轴太松引起振动消除或防止由于车床刚性不足而引起的振动,如调整车床各部分的间隙.

(2)车刀刚性不足或伸出太长引起振动　增加车刀的刚性和正确安装车刀.

(3)工件刚性不足引起振动　增加工件的安装刚性.

(4)车刀几何形状不正确　如选用过小的前角、主偏角和后角;合理选择的车刀角度,如适当增大前角,选择合理的后角,用磨石研磨切削刃,减小表面粗糙度值.

(5)切削用量选择不当　进给量不宜太大,精车余量和切削速度的选择要适当.

二、套类工件的质量分析

1.车孔时产生孔径超差的主要原因和预防措施

粗心大意,没有仔细测量尺寸;应认真进行试切削,仔细测量.

2.车孔时产生圆柱度超差的主要原因和预防措施

(1)车孔时,内孔车刀磨损,刀杆产生振动.应及时修磨内孔车刀,尽可能增加刀杆刚性.

(2)主轴轴线与导轨平行度超差或床身导轨严重磨损,应校正车床,大修车床.

3.车孔时产生表面粗糙度超差的主要原因和预防措施

(1)车孔时,内孔车刀磨损,刀杆产生振动;修磨内孔车刀,采用刚性较大的刀杆.

(2)切削速度选择不当,产生积屑瘤.加注充分的切削液.

4.内孔与外圆的同轴度和内孔与端面的垂直度超差的主要原因和预防措施

(1)用一次安装方法车削时,工件移位或机床精度不高.工件装夹要牢固,减小切削用量,调整好机床精度.

(2)用心轴装夹时,心轴中心孔或心轴本身同轴度超差.心轴中心孔应保护好,如碰毛,可研修中心孔,如心轴弯曲可校直或重制.

(3)用软卡爪装夹时,软卡爪没有车好;软卡爪应在本机床上车出,直径与工件装夹尺寸基本相同(稍大 0.1 mm).

【技能训练】

一、实训条件

实训条件见表 7-3.

表 7-3　实训条件

项目	名称
刀具	45°车刀、90°车刀、切断刀、螺纹刀、中心钻等
量具	千分尺、游标卡尺
设备	普通车床

二、实训项目

实训样图如图 7-3.

其余 $\sqrt{\dfrac{3.2}{}}$

材料:45#

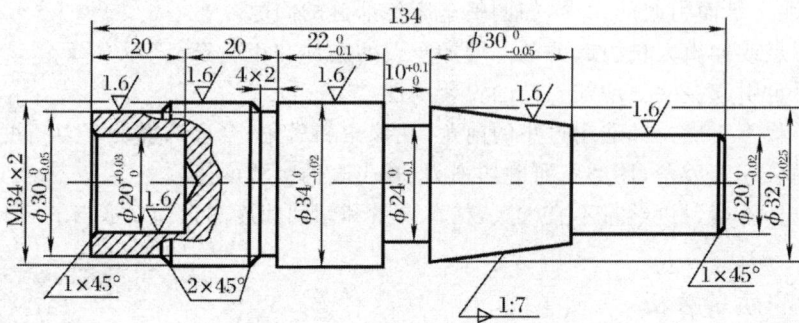

图 7-3　加工零件图

车削步骤:

①用三爪自定心卡盘夹持坯料外圆,车外圆.

②调头夹住已加工表面,伸出长度不少于 73 mm,找正夹牢,车端面截总长至尺寸,粗车 ϕ34 mm、ϕ30 mm.

③钻孔、扩孔、粗车、精车 ϕ20 mm 孔至尺寸.

④用切断刀车 4×2 mm 槽,精车 ϕ30 mm、M34×2 大径至尺寸,倒角.

⑤粗车、精车 M34×2 至尺寸,用砂布修去螺纹表面毛刺.

⑥调头垫铜皮夹 ϕ30 mm,车端面,钻中心孔.

⑦用后顶尖支顶,粗车 ϕ20 mm、ϕ30 mm、ϕ34 mm 并保证各段阶台长度.倒角.

⑧用切断刀车 ϕ24 mm 至尺寸.精车 ϕ20 mm、ϕ32 mm、ϕ34 mm.

⑨用转动小滑板法车锥度 1∶7 圆锥面成型至尺寸.

三、注意事项

1.注意工件的装夹及夹紧力对孔径的影响.

2.注意刀具的合理选用.

3.注意测量的正确方法.

4.注意安全:机床转动中严禁测量;测量时刀具退出一定距离,以防刀具伤手.

车工工艺及实训

✻思考与练习

编写如图 7-4 所示零件加工工艺过程(工夹量具自选).

其余 $\sqrt{\dfrac{3.2}{}}$

材料:45#

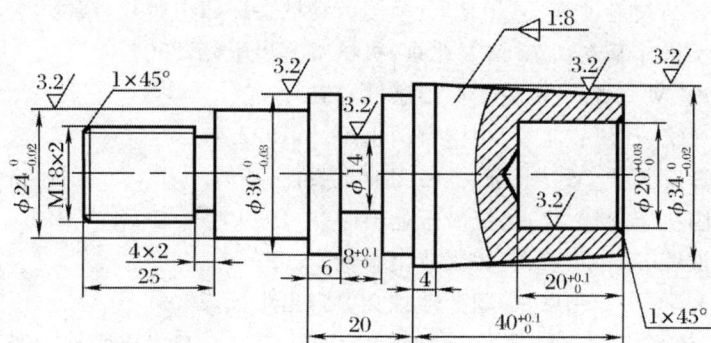

图 7-4 练习零件图

参考文献

[1]彭德荫.车工工艺与技能训练[M].北京:中国劳动社会保障出版社,2005.

[2]黄克进.机械加工操作基本训练[M].北京:机械工业出版社,2004.

[3]杨授时.车工技术[M].北京:机械工业出版社,1999.

[4]翁承恕.车工生产实习[M].北京:中国劳动出版社,1997.7.

[5]王先逵.机械制造工艺学[M].北京:机械工业出版社,1999.

[6]吴国华.金属切削机床[M].北京:机械工业出版社,1999.

[7]徐刚.车工技能训练[M].北京:机械工业出版社,2009.

[8]王公安.车工工艺学[M].北京:中国劳动社会保障出版社,2005.

[9]温希忠,王永俊,何强.车工工艺与实训[M].山东:山东科学技术出版社,2007.3.

[10]唐监怀,刘翔.车工工艺与技能训练[M].北京:中国劳动社会保障出版社,2006.

[11]蒋增福.车工工艺与技能训练[M].北京:高等教育出版社,2007.

[12]机械工业职业技能鉴定指导中心编.车工技术[M].北京:机械工业出版社,1999.

[13]朱焕池.机械制造工艺学[M].北京:机械工业出版社,1995.

[14]薛源顺.机床夹具设计[M].北京:机械工业出版社,1994.

[15]韩步愈.金属切削原理与刀具[M].北京:机械工业出版社,1988.

[16]李华.机械制造技术[M].北京:机械工业出版社,2000.